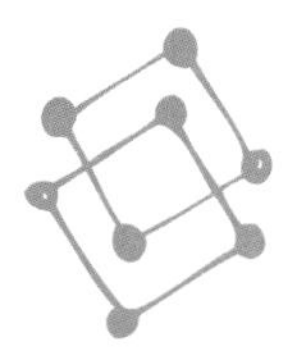

애나 클레이본 지음 이은경 옮김

신기하고 요상한 과학의 발견 73

두뇌에 상쾌한 자극을!!!

(주)다연
DAYEONBOOK

brain development quiz

신기하고 요상한 과학의 발견 73

초판 1쇄 인쇄 2022년 12월 1일 **초판 1쇄 발행** 2022년 12월 20일

지은이 애나 클레이본 **옮긴이** 이은경

펴낸이 박찬근 **펴낸곳** (주) 다연 **주소** 경기도 고양시 덕양구 삼원로 73 한일윈스타 1422호
전화 031-811-6789 **팩스** 0504-251-7259 **메일** dayeonbook@naver.com

ISBN 979-11-92556-05-5 (03420)

CONTENTS

들어가는 말

믿기 어려울 정도로 놀라운 속임수와 게임 그리고 실험으로
친구들과 가족들을 깜짝 놀라게 하고 싶은가요? 그렇다면, 제대로 찾아왔어요!

과학이란 무엇일까요?

과학은 간단히 말해서 '지식'이에요. 세상의 모든 것이 어떻게 작동하는지, 무엇으로 이루어졌는지, 우리가 그것을 어떻게 활용할 수 있는지를 이해하는 것이죠.
이러한 모든 것을 알아내기 위해, 과학자들은 조사와 실험을 해요. 그들은 사물들을 한데 섞거나 그것들에 열을 가하거나 식힐 때 어떤 일이 일어나는지 관찰하죠. 그들은 전기, 띄우기, 녹이기, 얼리기, 자석과 같이 여러 물질을 다양한 방법으로 실험한답니다.

예를 들어, 초기 인류가 불을 피우는 법을 배우고 그것을 요리에 활용하는,
그런 것이 바로 과학이죠!

아랍의 과학자 하산 이븐 알 하이탐은 빛이 어떻게 우리 눈까지 직선으로 이동하는지 알아냈고 이로써 암실에서 거꾸로 보이는 상을 만들어냈어요(69페이지 참조!).

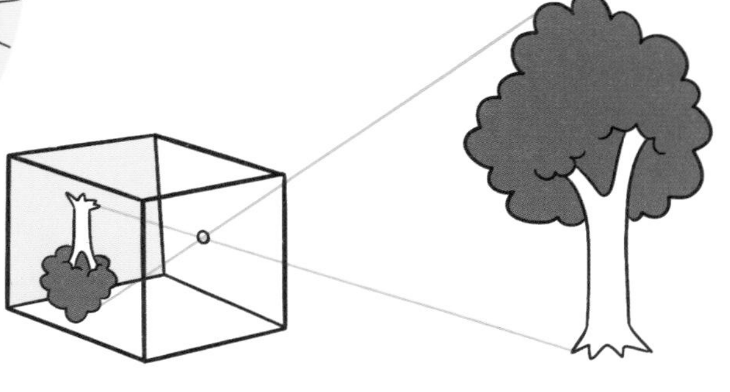

아이작 뉴턴은 중력이라는 힘에 의해 물체가 어떻게 지구 쪽으로 당겨지는지를 깨달았고,

아그네스 포켈스는 수면의 표면장력을 이해하기 위한 실험을 했지요(17페이지 참조).

무슨 일이 있었던 거죠?

과학 실험은 때때로 기이하거나 예상치 못하거나 매우 놀라운 결과를 가져옵니다! 결국 이 책을 통해 알게 되겠지만 공기, 물, 포크, 달걀과 같은 일상적인 것들은 물론 심지어 우리의 두뇌까지도 상당히 이상한 방식으로 작동할 수 있어요. 그렇지만 그것은 마법이 아닙니다. 과학이죠!

약간의 교묘한 과학 지식만 있어도, 우리는 온갖 종류의 방법으로 친구들의 마음을 사로잡을 수 있어요! 사물을 사라지게 하고, 중력을 거스르고, 혼란스러운 환상을 떠올리게 하고, 놀랍도록 예술적이고 음악적인 창조물과 음식에 관한 실험들 그리고 멋진 빛과 음향 효과를 만들어낼 수 있죠. 어떻게 하는 건지 계속 읽으면서 알아봐요!

건포도 올리기

왜 어떤 것은 물에 뜨고 어떤 것은 가라앉는 거죠?
자, 평범하고 오래된 건포도가 그 두 가지를 다 해낼 거예요!

트릭!

탄산수나 레모네이드의 뚜껑을 열어 곧바로 깨끗한 잔에 부어요. 이제 건포도 한 알을 음료수에 떨어뜨려 바닥에 가라앉으면, 지켜보기로 해요. 아무 일도 안 일어났다고요? 1~2분만 기다려요. 결국, 건포도가 떠오르기 시작할 테니까요.

하지만 잠깐! 건포도는 표면에 잠시 머물다가 다시 내려갈 거예요. 그러고는 다시 올라오죠. 그렇게 건포도는 작은 쭈그렁 잠수함처럼 올라왔다 가라앉기를 반복할 거예요. 건포도를 몇 개 더 넣어, 오르내리는 건포도 디스코를 즐겨보아요.

어떻게 된 걸까요?

건포도는 민물보다 밀도가 높아요. 부피에 비해 더 무겁다는 뜻이죠. 그래서 가라앉아요. 그런데 탄산음료는 용해된 이산화탄소를 함유하고 있어요. 액체에서 가스가 방출되면서 거품들이 나타나죠. 건포도가 유리 바닥에 가라앉을 때, 일부 거품이 건포도의 거친 표면에 달라붙어요. 결국, 건포도가 떠다니기에 충분한 기포들이 건포도 표면에 있게 되죠. 하지만 건포도가 표면에 닿으면, 기포들은 터져서 공기 중으로 빠져나가요. 이제 건포도는 다시 무거워져서 아래로 내려갑니다. 기포들이 모이고 또 사라짐에 따라 건포도는 그 전체 밀도가 변하면서, 떴다가 가라앉기를 반복하는 거랍니다.

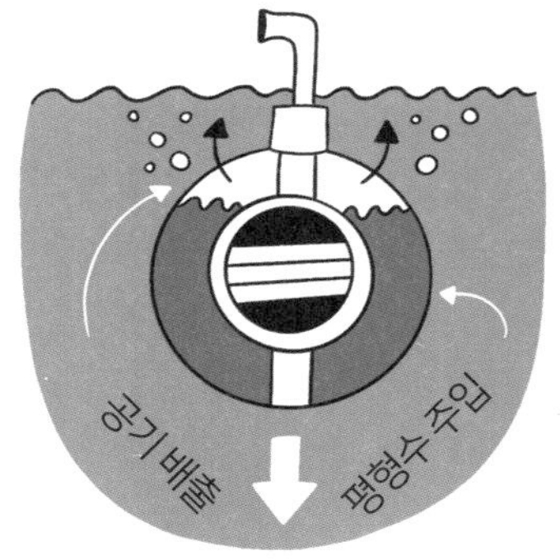

바로 이거예요!

잠수함이 어떻게 가라앉고 떠오르냐고요? 이것은 실제로 떠오르는 건포도와 비슷해요. 잠수함에는 밸러스트 탱크라는 공간이 있어요. 잠수함을 가라앉히려면 밸러스트 탱크에 바닷물을 가득 채우고, 잠수함을 띄우려면 압축된 공기를 내보내 그 힘으로 물을 밀어내죠. 건포도에 붙은 거품들처럼, 이것이 전체적으로 잠수함의 밀도를 낮게 만들어 위로 떠오르게 하는 거예요.

빈틈을 메워요!

알다시피, 다리는 정말 튼튼해야 해요. 그래서 다리를 종이로 만들잖아요. 잠깐만, 종이로 만들지 않는다고요? 하지만 이 트릭에서 우리가 사용할 수 있는 것은 종이뿐이랍니다. 할 수 있겠어요?

트릭!

종이 한 장과 뚜껑을 따지 않은, 음료가 가득 든 캔 3개만 준비하면 돼요. 종이를 사용해서 두 캔 사이에 다리를 놓는 게 도전 과제예요. 아참, 그 종이 다리가 세 번째 캔을 지탱할 수 있을 만큼 튼튼하면 돼요!

친구들이나 가족에게 그렇게 튼튼한 다리를 만들라고 해보아요, 아마 어찌할 줄 몰라 완전히 당황할 걸요! 그럼 우리가 해보죠. 여기 평평한 표면 위에 종이를 깔고, 양 끝을 접어요. 처음에는 한쪽 끝을 지그재그 모양으로 접은 다음 다른 쪽 끝도 지그재그로 접고요.

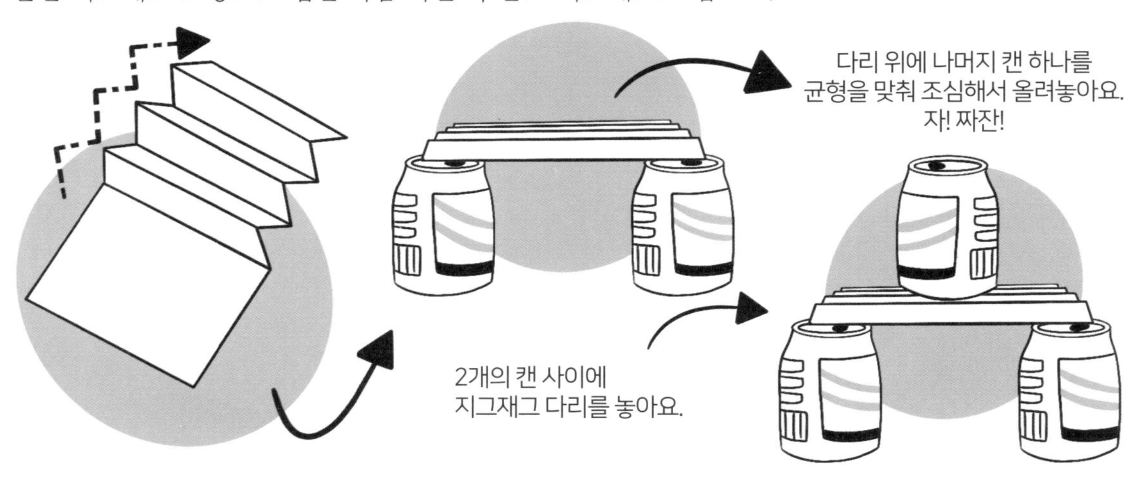

어떻게 된 걸까요?

평평한 종잇조각으로는 쓸모 있는 다리를 만들기 어려워요. 왜냐하면 그 다리 위에 무게가 실리자마자 종이는 구부러질 테니까요. 그러나 종이를 접으면, 그 주름이 힘을 분산시켜 높은 무게를 지탱할 수 있어요. 각각의 접은 곳은, 조립하기에 가장 강하고 안정적인 모양 중 하나인 삼각형 모양을 이룬답니다.

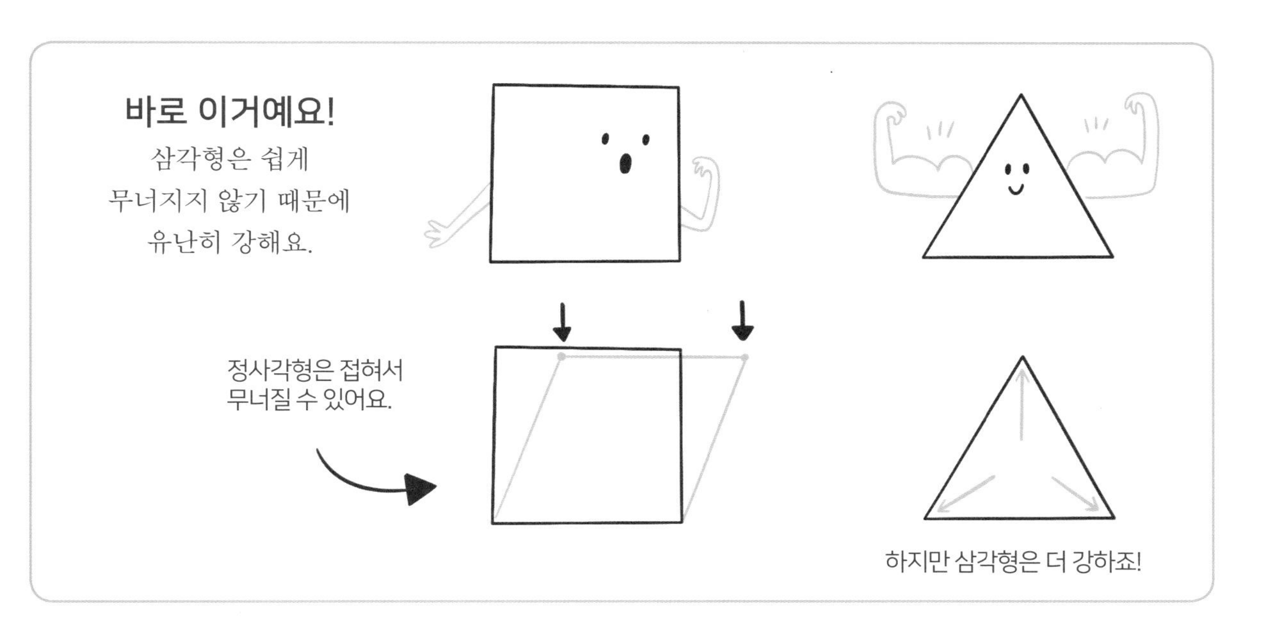

이러한 이유로, 건축가들은 때때로 미국 샌프란시스코에 있는 트랜스아메리카 피라미드처럼 내진 설계 건물에 삼각형 모양을 사용해요.

임파서블 포크

이 트릭은 완전히 불가능해 보여요. 바로 눈앞에서 보기 전까지는 말이죠!
아마 친구들의 마음을 홀려버릴 거예요.

트릭!

유리잔 1개와 성냥개비나 이쑤시개를 준비해요. 준비한 성냥개비의 한쪽 끝을 유리잔 위에 걸치고 다른 한쪽 끝은 이렇게 튀어나오게 해서 균형을 맞춰요.

불가능하다고요? 아니, 할 수 있어요. 성냥개비 위에 포크를 걸어 막대를 더 무겁게 만들기만 하면 돼요.

그래요, 바로 그렇게요.

2

2개의 금속 포크를 막대의 한쪽 끝에 이렇게 끼워요. 조금 조정해야겠지만, 일단 제대로 맞추면 막대는 양끝의 균형을 잡게 될 거예요.

포크의 손잡이 부분들이 여기에 무게를 추가해요.

중력이 작용하는 지점은 다음과 같아요.

3

어떻게 된 걸까요?

막대기가 어떻게 한쪽 끝으로 균형을 잡을 수 있을까요? 여기에는 매우 간단한 과학적 이치가 있어요. 물체는 무게중심으로 균형을 이루죠. 하지만 무게중심이 항상 가운데 있는 것만은 아니에요. 무게중심은 무게가 주변으로 고르게 퍼지게 되는 지점을 의미하거든요.

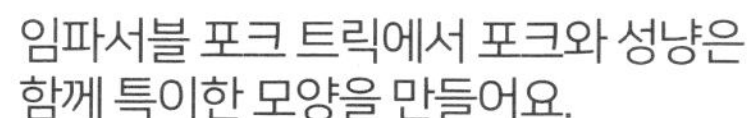
임파서블 포크 트릭에서 포크와 성냥은 함께 특이한 모양을 만들어요.

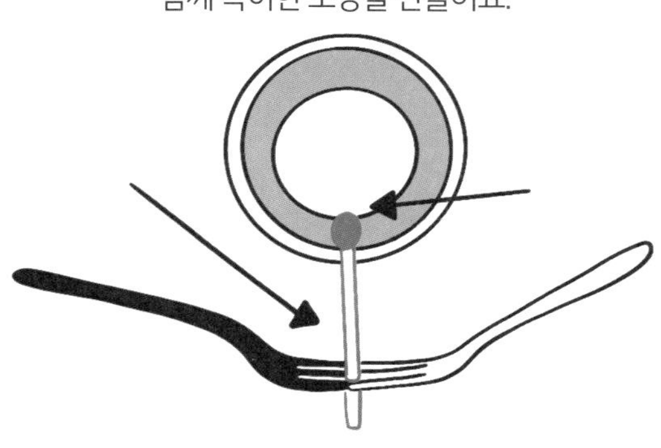

생각해봐요!

임파서블 포크 묘기가 마음에 든다면, 동전으로도 해봐요! 동전의 한쪽 가장자리에 포크들을 끼우고 동전의 반대쪽 가장자리와 균형을 이루도록 말이에요.

계란은 얼마나 강할까요?

계란껍질은 섬세하고 깨지기 쉽잖아요?
그렇지만, 가끔은요! 놀랄 준비 됐나요?

트릭!

이 묘기를 하려면, 계란 4개와 도와줄 어른이 한 분 있어야 해요. 계란을 반으로 깔끔하게 잘라 안을 비워요(나중에 맛있는 것을 만들 수 있도록 잘 놔둬요). 계란 껍질들을 따뜻한 물과 비누로 씻은 다음 뾰족한 부분을 바닥에 깔린 수건 위에 놓아요.

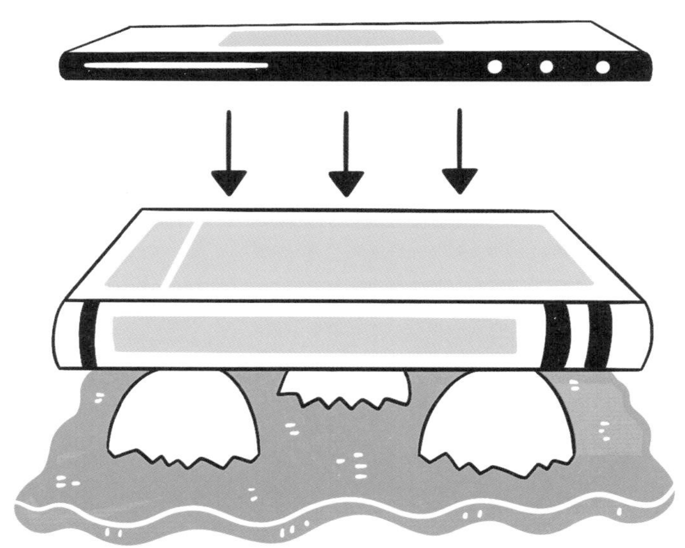

계란 껍질들 위에 둥지처럼,
표지가 두꺼운 커다란
책 한 권을 놓아요.
압력을 이기지 못하고
계란 껍질들이 부서질 때까지
책을 몇 권이나 더
올려놓을 수 있을까요?

어떻게 된 걸까요?

아마 우리가 추측한 것보다 훨씬 더 많은 책을 올릴 수 있다는 사실을 알게 되었을 거예요. 몸집이 아주 작은 누군가라면, 껍질을 깨뜨리지 않고 책 위에 설 수 있을지도 몰라요! 비록 계란 껍질은 얇고 깨지기 쉽지만, 생긴 모양이 계란의 힘을 강하게 해줘요. 계란 윗부분을 누르면, 힘이 양옆을 통해 아래로 향하게 되어 부서지기 어렵게 만들지요.

바로 이거예요!

알의 강한 모양은 둥지에 있는 알들 위에 새가 앉을 때 알이 깨지는 것을 막아, 알 속의 새끼가 밖으로 나가기 위해 쪼아댈 준비를 할 때까지 돕는답니다.
새끼 새들은 우리가 그릇 옆면에 계란을 두드려 깰 때처럼, 껍질을 쪼아대죠.

계란 떨어뜨리기 묘기

달걀을 만지거나 깨뜨리지 않고 물잔 안으로 떨어지게 할 수 있을까요?
누구도 믿지 않을 일이겠지만, 우리는 할 수 있어요!

트릭!

우선, 묘기를 펼치기 위해 준비를 해요. 신선한 계란 하나와 그것이 들어갈 만한 크기의 유리잔이 필요해요. 잔에 물을 반쯤 채우고 쟁반에 올려놓아요. 유리잔 위에 플라스틱이나 금속 피크닉 쟁반을 놓고요. 화장지 심지를 구해 접시 한가운데 세워요. 그런 다음, 그 위에 계란을 옆으로 눕혀놓아요. 준비됐어요!

계란을 유리잔 안으로 떨어지게 하려면, 아래 그림과 같이, 쟁반을 빠르게 옆으로 홱 움직여 빼기만 하면 돼요. 계란은 곧장 아래 물속으로 떨어질 거예요.*

*적어도, 그렇게 되어야 해요! 이 기술을 시연하기 전에 먼저 테스트해보는 게 좋을 거예요. 잘못하면 쟁반이 엉망진창이 될 테니까요.

어떻게 된 걸까요?

이것은 관성이라는 힘이 작용하기 때문이에요. 관성은 물체가 움직이든 가만히 있든, 본래 물체가 하고 있는 것을 계속하게 만들어요. 계란은 다른 힘이 그것을 움직이게 하지 않는 한, 그대로 있으려고 해요.

우리가 쟁반을 뺄 때, 접시와 심지를 엄청 빨리 움직이면 심지는 계란을 움직일 기회를 갖지 못해요. 중력이 계란을 똑바로 아래로 당길 때까지 계란은 공기 중에 떠 있죠. 그런 다음 계란이, 풍덩!

핑퐁 퍼즐러

헤어드라이어 바람으로 탁구공을 날리면, 탁구공이 방을 가로질러 이리저리 날릴까요?
아, 다시 생각해봐요!

트릭!

탁구공과 헤어드라이어만 있으면 돼요. 헤어드라이어를 켜고 위로 향하게 해요. 그 바람 속에 쥐고 있던 탁구공을 놓아줘요. 마치 마술처럼, 그곳에 머무를 거예요!

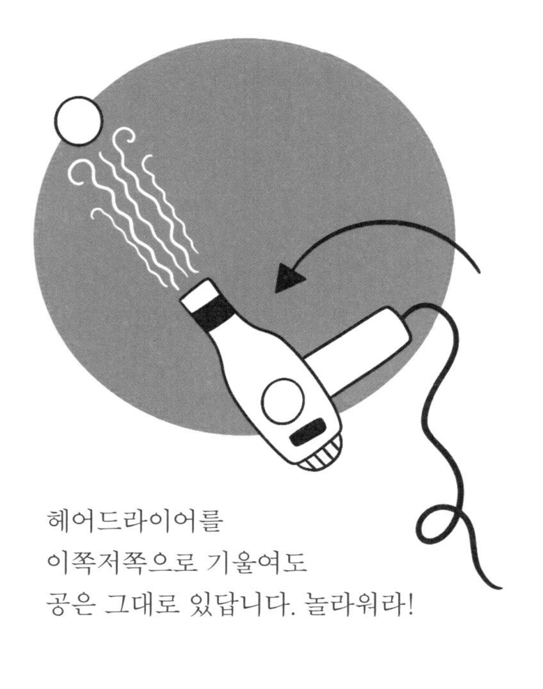

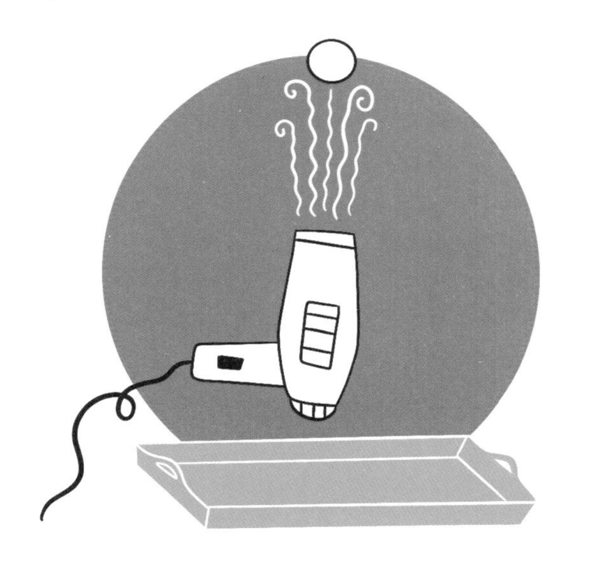

헤어드라이어를
이쪽저쪽으로 기울여도
공은 그대로 있답니다. 놀라워라!

어떻게 된 걸까요?

공기의 흐름이 공을 위로 밀어 올리기 때문에 공은 그대로 있어요. 그런데 왜 옆으로 날아가지 않는 걸까요? 공기가 공에 부딪힐 때, 공기는 '코안다 효과' 덕분에 공 주위를 가깝게 흘러요. 이것이 낮은 압력을 만들어 내어 공을 옆으로 당기는 거죠. 하지만 모든 면에서 옆으로 잡아당기기 때문에 공은 가운데에 머물러 있게 된답니다.

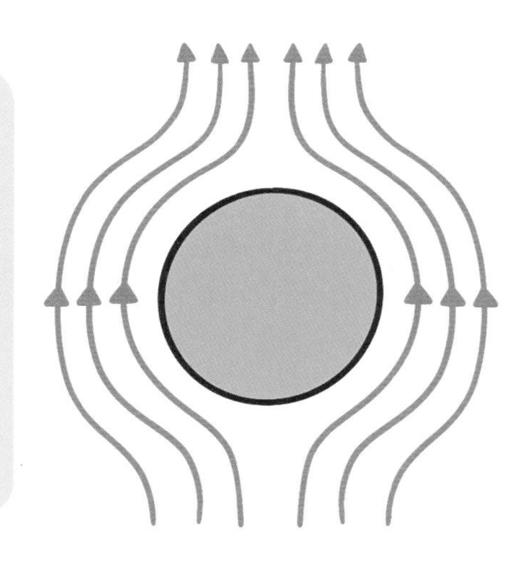

솟구치며 나는 듯한 쾌속정

물을 가로지르며 쌩하고 달리는 쾌속정을 만들려면
노, 프로펠러, 돛이 필요 없어요. 비누만 있으면 돼요!

트릭!

납작한 크래프트폼에서 작은 판지 보트 모양을 잘라내요. 아래에 나온 모양을 복사해도 돼요. 크래프트폼이 없는 경우 시리얼 상자로도 충분해요. 플라스틱 쟁반이나 접시에 물을 조금 붓고 배를 한쪽에 놓아요. 손가락에 액상 비누를 살짝 묻혀서 보트 뒷부분의 노치 양옆에 가볍게 발라요. 그런 다음 어떻게 되는지 볼까요!

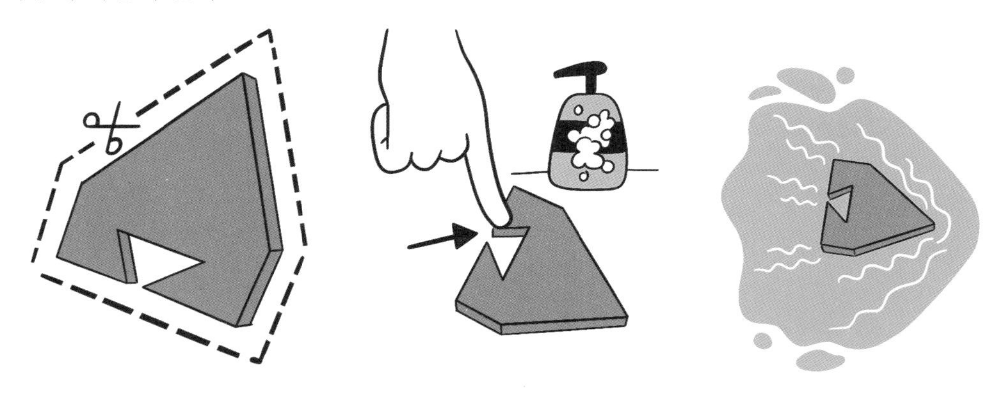

어떻게 된 걸까요?

표면장력이라고 불리는 힘은 물 표면에 있는 분자들이 서로를 잡아당기도록 만들어요. 비누를 바르면, 보트 뒷면의 표면장력이 줄어들어요. 하지만 보트 앞은 표면장력이 여전히 세겠지요. 그곳의 물 분자들은 서로를 끌어당기면서 보트도 같이 당기게 돼요. 아그네스 포켈스는 설거지를 할 때 이 효과를 처음 알아차렸어요. 그래서 몇 가지 실험을 한 후에 표면 장력에 관한 첫 번째 논문을 썼답니다.

중력에 도전하라!

물을 한 방울도 쏟지 않고 물잔을 뒤집는 하나도 아니고 둘도 아닌, 무려 세 가지 방법!

트릭 1: 물 소용돌이

이것은 종이컵을 활용하면 가장 좋아요. 끈 하나를 약 1미터 길이로 잘라요. 종이컵의 양옆에 작은 구멍을 내고, 양쪽의 구멍을 통해 끈을 연결한 다음 매듭을 묶어요.
종이컵을 물로 2/3 정도 채운 다음 끈을 잡고 종이컵을 앞뒤로 조심스럽게 흔들어요. 이제 종이컵을 위로 들어 완전한 원을 그리며 돌려요.
이 실험은 실외에서 실행해야 안전해요!

어떻게 된 걸까요?

안에서 물을 잡고 있는 힘을 구심력이라고 해요. 종이컵을 빙글빙글 돌려 물을 움직이면, 물은 일직선으로 날아가려고 하죠. 하지만 끈과 종이컵이 제지하기 때문에 결국 물은 종이컵에 머물게 돼요. 단, 종이컵을 빠르게 돌려야만 효과가 있어요!

트릭 2: 엽서 묘기

이 묘기에는 플라스틱 물잔이 필요해요. 물잔을 물로 가득 채우고 그 위에 엽서를 올려놓아요. 손으로 엽서를 잡고 물잔을 완전히 뒤집은 다음, 엽서를 쥔 손을 떼요! 무슨 일이 일어났죠? 아무 일도 일어나지 않아요!

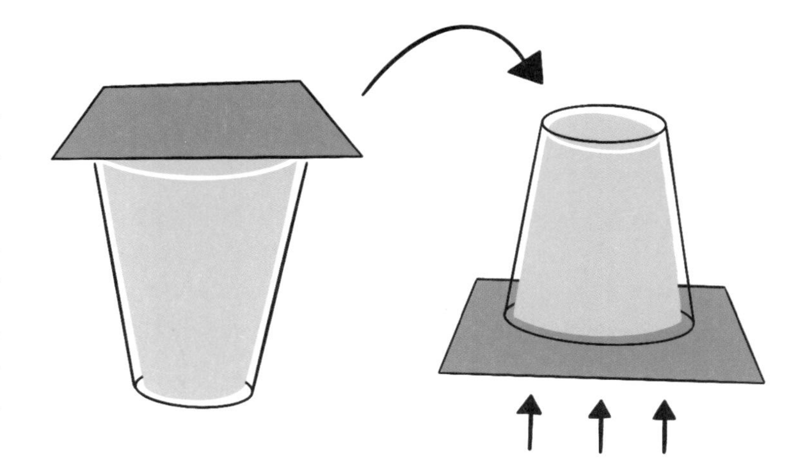

어떻게 된 걸까요?

우리 주변의 공기는 기압이라고 불리는 힘으로, 물체들을 사방에서 떠밀고 있어요. 엽서를 위로 밀어 올리는 기압이 물을 아래로 당기는 중력보다 더 강해요. 그래서 물이 물잔 안에 그대로 머물러 있는 거랍니다!

트릭 3: 요술 망사

한 가지 더 할까요! 이번에는, 물잔을 물로 가득 채운 다음 티셔츠나 손수건 같은 고운 천을 팽팽하게 늘려서 물잔 위를 덮어요. 천을 제자리에 고정시키고 물잔을 빠르게 뒤집어요.

어떻게 된 걸까요?

천은 작은 구멍들로 가득 차 있어요. 하지만 천이 팽팽하게 당겨지면서, 표면 장력은 물이 빠져나가지 못하도록 서로를 잡아당기는 힘을 만들게 돼요.

강철 빨대

우리 친구들은 이 감자 퍼즐을 풀 수 있을까요?
그들에게 종이 빨대를 주면서 생감자에 꽂으라고 해봐요.

트릭!

감자에 빨대를 꽂으려고 할 때마다 구부러지거나 접히는 등 아마 문제가 많을 거예요. 하지만 꽂는 비결이 있답니다. 아래 그림처럼, 엄지손가락으로 빨대의 윗부분을 덮으며 잡아요. 그런 다음 빨대를 감자에 세게 찌르는 거예요. 그러면, 짜잔!

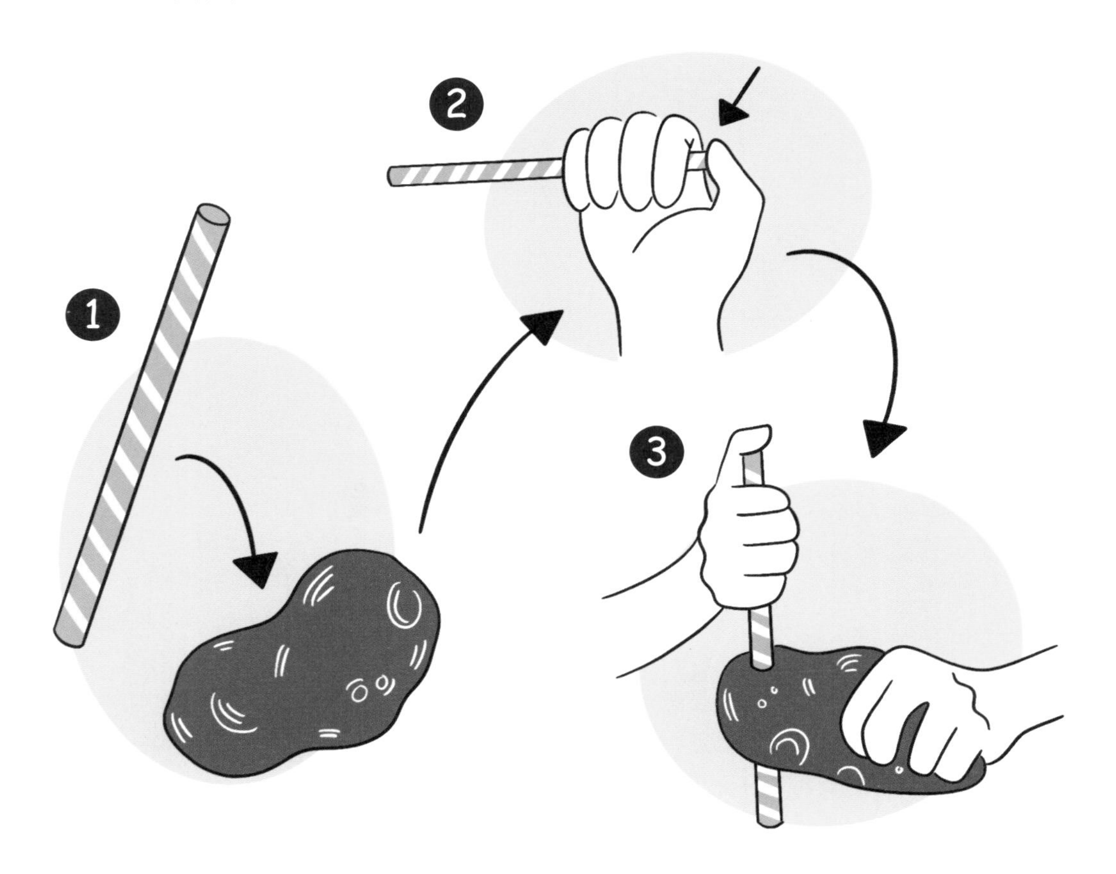

어떻게 된 걸까요?

엄지손가락으로 빨대 윗부분을 덮으면, 빨대 안에 공기를 가두는 효과가 생겨 빨대가 더 빳빳해지고 탄탄해져요. 길고 얇은 풍선을 부풀리는 것과 약간 비슷해요. 빨대를 감자에 깊이 누를수록 내부의 공기가 더 수축되어 빨대가 좀 더 탄탄해져요.

더블 바운스

탱탱한 공을 떨어뜨리면, 공이 처음 있던 높이로는 다시 튀어 오르지 않아요.
특별한 요령을 알지 못하는 한 말이죠!

트릭!

우선, 공을 떨어뜨려서 얼마나 높이 튀는지 봐요. 고무공이든 테니스공이든 축구공이든, 원래의 높이로 튀어 오르지는 못해요. 공이 바닥에 부딪히고 소리를 낼 때 일부 에너지가 소모되기 때문이죠.

이제 묘기를 부려볼까요! 축구공과 같이 커다랗고 탄력적인 공 위에 작은 공을 올려놓은 채 잡아요. 그들을 동시에 떨어뜨려요. 그러면 부웅! 작은 공은 믿을 수 없을 정도로 높이 튀어 올라요!

어떻게 된 걸까요?

두 개의 공이 바닥에 닿을 때, 작은 공이 트램펄린처럼 작동하는 큰 공 위에 착지해요. 큰 공이 다시 위로 튀어 오를 때, 그 밀어내는 힘은 작은 공에 여분의 에너지를 주어 더 높이 튀어 오르도록 만들죠!

종이의 힘

종이의 힘을 실감해볼까요!
필요한 것은 커다란 신문지나 포장지 1장, 나무로 된 자예요.

트릭!

탁자 가장자리 밖으로 반 정도가 튀어나오도록 자를 올려놓아요. 그 위에 테이블 가장자리와 일렬이 되도록 종이를 펼쳐 덮어요. 최대한 평평하게 펴고 자 주변을 부드럽게 눌러요.

자, 지금이에요. 튀어나온 자의 끝부분을 되도록 세게 내리쳐요. 지금요!
무슨 소리예요, 그게 안된다고요?

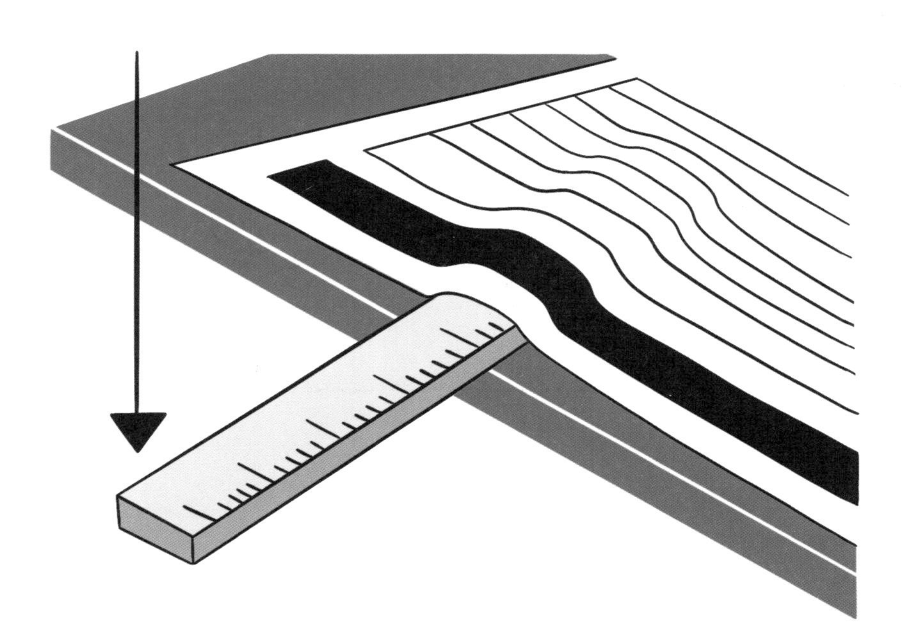

어떻게 된 걸까요?

얇은 종이가 자를 누르고 있다지만, 왜 안될까요? 사실은, 종이가 힘을 지녔다기보다는 공기가 힘을 가진 거예요. 종이의 면적이 클수록 그 아래 눌린 기압이 더 세져요. 큰 종이 한 장이면, 자를 제자리에 고정시키기에 충분한 압력이 있답니다.
하지만 자를 좀 더 부드럽게 누른다면 성공할 수 있을 거예요. 종이 밑으로 공기가 빨려 들어가는 시간을 허락하기 때문이죠. 그러면 종이 위아래의 기압이 똑같아져서 종이를 더 쉽게 올릴 수 있답니다.

바로 이거예요!

우리 주변의 기압은, 지구 주변의 공기 담요인 대기에서 비롯돼요.
이러한 대부분의 공기는 약 100킬로미터 두께의 층을 이루고 있어요.

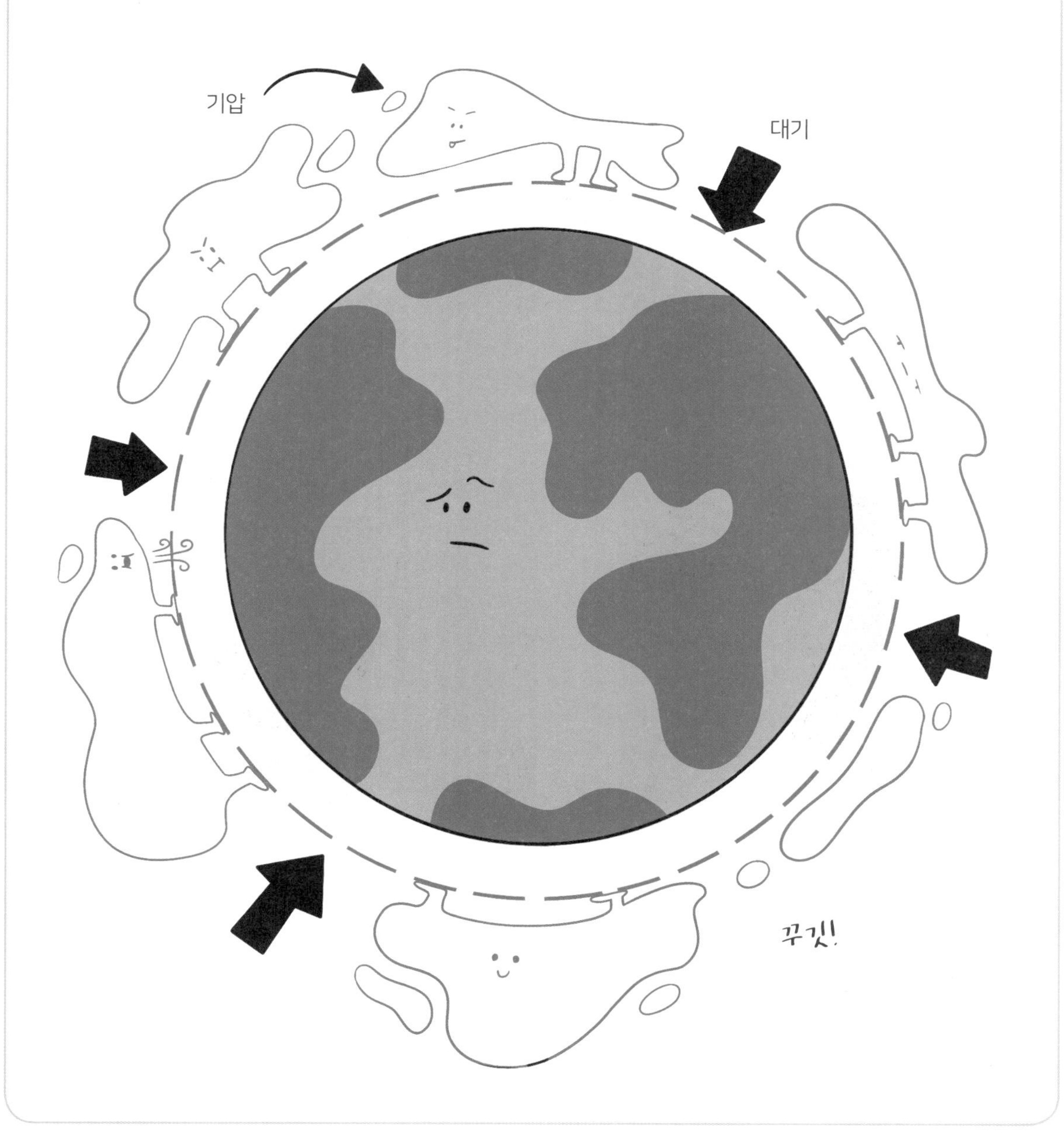

보틀 블로우 챌린지

병에 공을 불어 넣는 것보다 쉬운 일이 있을까요?
사실, 보기보다 어려워요!

트릭!

우선, 안을 비운 깨끗한 플라스틱 병이 필요해요. 종이 한 장을 둥글게 말아 작고 단단한 공으로 만들어요. 병 입구에 걸리지 않고 쉽게 들어갈 만큼 작아야 해요.

병을 옆으로 눕히고 종이 공을 병 입구에 놓아요. 이제 친구들에게 입김을 불어 공을 병 안으로 집어넣으라고 해봐요. 쉽죠? 아닐 걸요! 공을 불어 넣으려 할 때마다, 공은 오히려 발사될 거예요!

작은 장난감이나 미니 폼폼 같은 다른 물건들로 시도해보아요.

어떻게 된 걸까요?

문제는, 병이 이미 가득 찼다는 점이에요. 말하자면, 공기로 가득한 거죠!
병 안으로 물건을 떨어뜨리면, 안에 있는 공기 일부가 밀려나와요. 하지만 병에 입김을 불어 넣으면 그런 일은 일어나지 않지요. 공기를 더 많이 불어 넣었을 때만 안에 있던 공기가 물체를 밖으로 밀어내요.

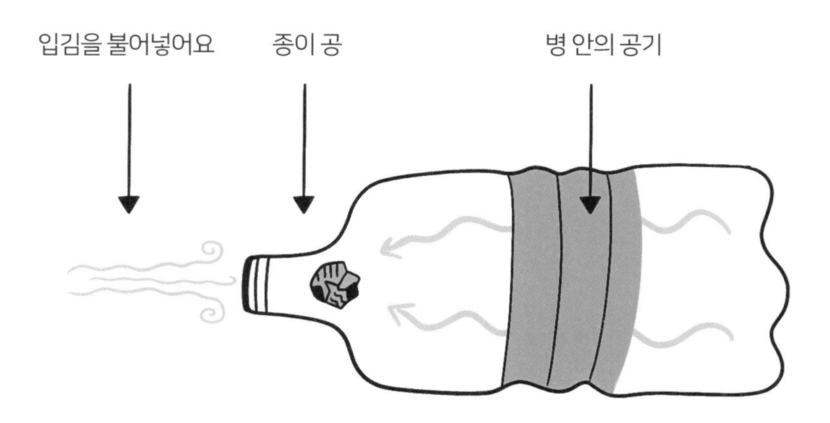

바로 이거예요!

하지만 실제로 물체를 집어넣을 방법이 있어요. 빨대를 종이 공에 밀착시키고 입김을 불면, 공을 안으로 넣을 수도 있어요. 왜냐하면 공기가 종이 공 주변으로 흩어지지 않고 종이 공 쪽으로만 가기 때문이에요. 그래서 병 안의 일부 공기가 밖으로 빠져나와 공이 들어갈 공간이 마련되는 거예요. 한 번 해봐요!

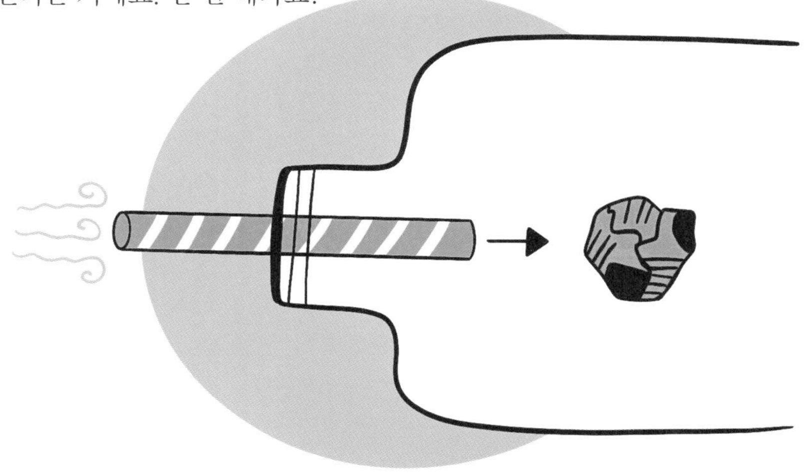

희한한 우블렉

와우, 엄청 기이하고 멋진 슬라임이 있어요!
별나게 행동하는 이 물질은 우블렉이라고 하는데, 매우 빠르고 쉽게 만들 수 있어요.

트릭!

우블렉을 만들기 위해 필요한 것은 옥수수 전분과 물이에요. 아, 그리고 여기저기 재료들이 튀어도 괜찮은 공간, 즉 야외나 부엌이나 욕실 등 어지럽혀도 괜찮은 장소가 필요해요.
작은 물잔이나 냄비를 이용해 옥수수 전분을 계량해서 큰 그릇에 담아요. 그런 다음 2/3의 물을 더하세요. 예를 들어, 옥수수 전분이 6컵이라면 물은 4컵이 필요하겠죠.

우블렉을 손으로 천천히 저어 꾸덕꾸덕할 때까지 섞어요. 그런 후에 다음과 같은 놀라운 기술을 시도하면 됩니다.
* 우블렉의 표면을 쳐봐요, 딱딱하죠! 하지만 부드럽게 눌러보면 흐르듯이 무른 느낌이 들어요!
* 한 움큼 쥐어 재빨리 짜봐요, 단단한 공의 형태가 될 거예요. 놓아봐요, 그러면 도망가요!
* 슬라임 위에 작은 플라스틱 형상을 세워 놓고 안으로 잠겨 들어가게 해봐요. 그런 다음 재빨리 잡아 빼내요. 유사(흘러내리는 모래)에 빠진 것처럼 꼼짝달싹할 수 없어요!
이렇게 이상한 물질이 정확히 뭐죠?

어떻게 된 걸까요?

도저히 이해할 수 없는 이 물질은 멋진 학명이 있답니다. 바로 '비뉴턴 유체(非Newton流體)'예요.

이것은, 압력을 받으면 점도(또는 두께)가 변해요. 꽉 쥐거나 뭉개면 입자들이 서로 맞물리면서 고체처럼 움직여요. 그것을 천천히 그리고 부드럽게 만지면 액체처럼 움직이죠.

바로 이거예요!

사람들이 아동용 물놀이장이나 심지어 수영장까지 우블렉으로 가득 채운 다음 표면을 가로질러 달리기도 해봤어요. 그들이 빠르게 달리면 표면 위에 있을 수 있었지만, 멈추는 즉시 가라앉았죠!

팝 로켓

와우, 우리가 기다리던 실험이네요. '펑' 하는 과학 묘기! 신나는 폭발음과 함께, 우리의 로켓은 하늘을 향해, 어쩌면 천장을 향해 날아갈 거예요.

트릭!

이 작업에는 돌려서 여는 나사 캡이 아니라 잡아당겨 따는 식의 뚜껑이 있는 튜브 모양의 작은 플라스틱 용기가 필요해요. 구식 카메라 필름 통이 완벽한데, 과자, 비타민, 반짝이, 구슬 등이 담긴 용기도 좋아요.

여기에 중탄산소다나 베이킹소다 그리고 약간의 식초도 준비해야 해요. 이 묘기를 하면 지저분해질 수 있으니 야외에서 실행하는 것이 좋고요.

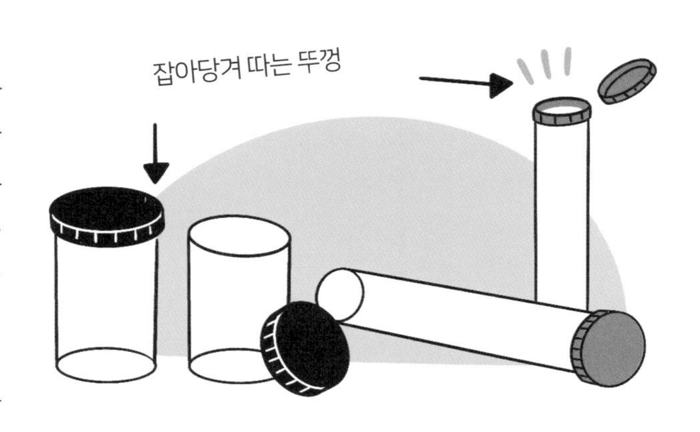

용기의 약 1/3이 채워질 때까지 식초를 부어요.

뚜껑을 뒤집어, 베이킹소다를 숟가락으로 떠서 가운데에 놓아요.

이제 최대한 빨리, 뚜껑을 확 뒤집어 덮고 용기 위를 누른 다음 용기를 거꾸로 뒤집어서 바닥에 내려놓아요. 앗, 뒤로 물러나요!

어떻게 된 걸까요?

이것은 화학 반응의 한 예입니다. 이 두 가지 물질이 서로 섞였을 때, 반응하고 변하면서 새로운 물질을 만들어내는 거죠. 새로 만들어진 물질 중 하나는 이산화탄소 가스예요. 가스가 용기에 가득 차 내부의 압력을 증가시키면서 뚜껑을 밀어내 뚜껑이 튀어나가는 거죠. 압력에 용기가 위로 밀어 올려지면서 마치 로켓처럼 발사되는 거예요.

부우우웅!

바로 이거예요!

더 진짜 같은 로켓을 만들려면, 먼저 종이나 카드지로 튜브 주위를 두른 후 뾰족한 코와 지느러미를 붙이면 돼요.

투명 잉크

보이지 않는 잉크는 비밀 스파이 메시지를 보내기에 완벽한 재료죠. '자정에 시계탑 옆에서 만나!'라거나 '초콜릿 사는 것을 잊지 마!' 같은 거요. 다행스럽게도, 일상적인 가정의 식재료로 이것을 할 수 있답니다.

트릭!

우선, 레몬즙이 필요해요. 병에 든 레몬즙도 좋고 신선한 레몬에서 즙을 약간 짜내서 사용해도 돼요. 얇은 붓에 레몬즙을 묻혀 하얀 종이에 메시지를 쓴 다음, 완전히 마르도록 놔둬요.

우리의 동료 스파이가 보이지 않는 잉크 메시지를 읽으려면, 헤어드라이어로 종이를 말리기만 하면 돼요. 사용하기 전에 꼭 어른의 허락을 받고요! 잉크가 점점 갈색으로 변하면서, 메시지가 나타날 거예요!

어떻게 된 걸까요?

레몬즙은 대부분의 음식과 마찬가지로 짙은 색조인 탄소를 함유하고 있어요. 그것을 가열하면 공기와 반응해서 일부 탄소가 방출돼요. 그래서 레몬즙이 갈색으로 변하죠.

따라 해요!

다른 몇 가지 물질도 보이지 않는 잉크로 쓸 수 있어요. 어떤 스파이는 백식초, 사과즙, 우유, 심지어 양파즙으로도 맹세해요! 이것들 중 몇 가지는 물론, 다른 종류의 즙이나 음료수로 시도해봐서 그것들이 얼마나 효과가 있는지 알아봐도 된답니다.

보이지 않는 물

불붙은 촛불에 물을 붓는 것을 상상해봐요. 꺼지겠죠?
이 묘기는 물 붓는 행동을 하지만, '물'은 보이지 않아요!
혹시 몰랐을까 봐 얘기하는데, 그것은 진짜 물이 아니에요!

트릭!

이 묘기를 위해서는, 모든 과학 마술사가 가장 자주 쓰는 재료인 약간의 중탄산소다(베이킹소다)와 식초가 필요해요.

어른의 도움을 받아, 작은 초를 내열성 접시나 쟁반에 놓고 불을 붙여요.

2

이제, 그릇에 베이킹소다를 몇 스푼 넣고
비슷한 양의 식초를 부어요.
그들은 쉬익 하는 소리를 내고
부글부글 끓어오르며 함께 반응할 거예요.

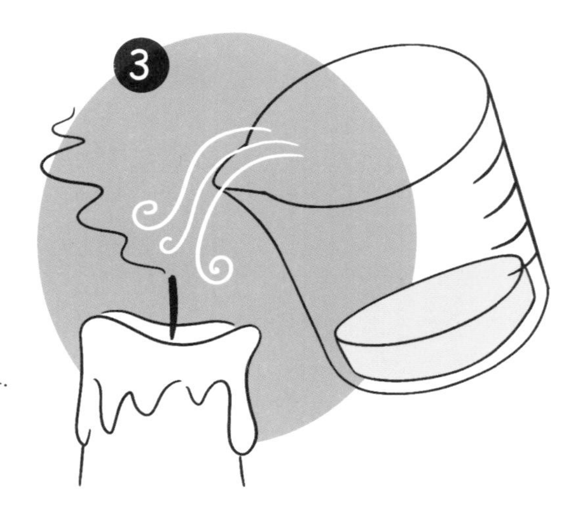

손을 용기 위로 가져가
조심스럽게 그릇을 들어올려요.
손을 떼고 촛불 위로 약간 기울여요.
마치 물을 가득 담은 항아리를
천천히 붓는 것처럼.
아, 혼합물이 쏟아질 정도로 기울이진 말아요.
비록 우린 아무것도 볼 수 없지만,
촛불은 꺼져요!

어떻게 된 걸까요?

베이킹소다와 식초를 결합하면, 그것들은 함께 반응해서 이산화탄소를 만들어요. 눈에 보이지 않는 이 가스는 공기보다 무겁기 때문에 위로 떠서 흩어지지 않고 그릇 안에 모여요. 그릇을 기울이면 가스가 그릇 밖으로 흘러나와 촛불 위로 내려오죠. 불이 타오르려면 공기 중의 산소가 필요해요. 그런데 이산화탄소는 공기를 밀어내기 때문에, 양초는 산소를 잃어 꺼지고 말죠!

줄어드는 과자 봉지

비닐 과자 봉지를 작고 귀엽게 만들려면 재빨리 굽기만 하면 돼요!

삐! 삐! 안전 경고!

이 묘기를 위해서는 오븐을 사용해야 하니, 반드시 어른의 도움을 받도록 해요.

트릭!

빈 비닐 과자 봉지를 준비해요. 밝은 색일수록 더 좋아요. 씻어서 말린 다음 커다란 베이킹 페이퍼나 황산지 위에 놓아요.

그것들을 잘 싼 후 평평하게 되도록 꾸러미를 뒤집어요. 오븐을 약 200°C(400°F 또는 가스 표시 6)까지 가열해요.
꾸러미를 베이킹 트레이에 놓은 후, 어른에게 오븐에 넣어달라고 부탁드려요. 3분 정도 구운 다음 어른에게 꺼내달라고 부탁드리고요.

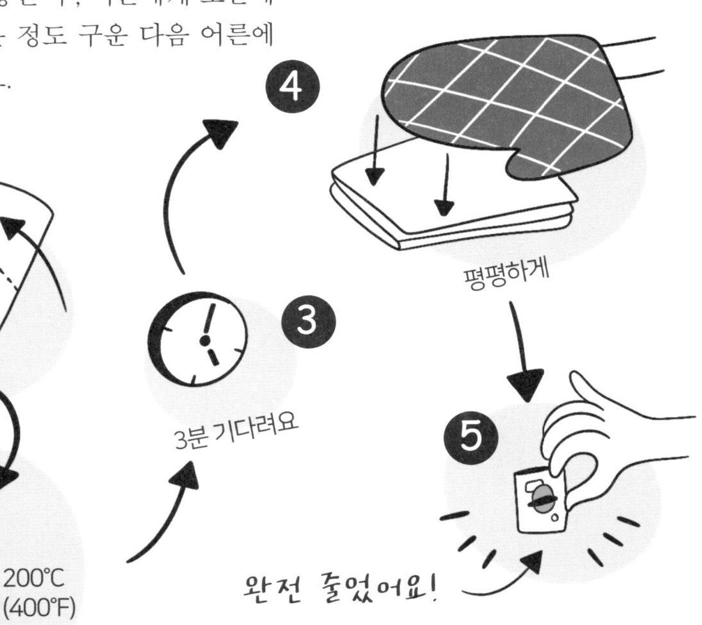

아직 뜨거울 때 봉지를 평평하게 만들기 위해 오븐 장갑이나 벙어리장갑을 낀 채로, 꾸러미의 윗부분을 눌러요. 그런 다음 완전히 식힌 후 포장을 풀어줍니다.

어떻게 된 걸까요?

이런 종류의 비닐 봉지는 폴리머라는 물질로 만들어져요. 폴리머는 신축성 있는 사슬 모양으로 결합된 분자들로 이루어졌어요. 납작한 봉지 재료를 만들기 위해, 폴리머는 가열되고 분자 사슬은 쫙 펼쳐져요. 다 식고 나면 비닐 봉지 모습을 띠게 되죠.
그런데 플라스틱(비닐)을 다시 가열하면, 플라스틱은 다시 짧은 체인으로 당겨져서 비닐 전체가 줄어들게 돼요.

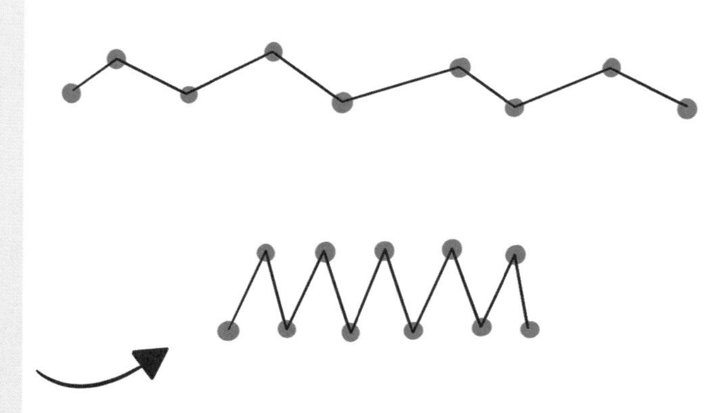

바로 이거예요!

줄어든 봉지에 펀치로 구멍을 내서 열쇠고리나 목걸이로 바꿀 수 있어요. 뒤에 안전핀을 테이프로 붙여 단추를 만들 수도 있고요.

서리로 뒤덮인 창문

이 반짝이는 과학 기술은 창문이나 거울에 얼음처럼 보이는 결정체를 만들어요,
전혀 춥지 않은데도 말이죠!

트릭!

이 트릭에는 사리염(황산마그네슘)이라는 소금을 사용해요. 음식에 넣는 소금 외에도 많은 종류의 소금이 있는데 사리염도 그중 하나예요. 종종 근육을 이완시키기 위해 목욕탕에 그것을 넣는데, 대개 슈퍼마켓이나 약국에서 팔지요. 시작해볼까요.

어른에게 찻주전자에 물을 끓여달라고 한 후 물잔에 뜨거운 물을 반쯤 채워요.

사리염을 몇 테이블스푼 넣고 녹을 때까지 저어요. 액체비누 두 방울을 뿌리고 다시 저어요.

혼합물을 약간 식힌 다음 천이나 종이 타월을 액체에 담갔다가 창문이나 거울에 그것을 펴 발라요.

혼합물이 마르면서 놀라운 결정 패턴이 나타날 거예요.

어떻게 된 걸까요?

식탁용 소금과 같이 사리염은 수정 형태로 형성돼요. 이것은 분자의 모양 그리고 그것들이 서로 잘 맞는 방식이어서 발생하는 현상이에요. 소금을 물에 녹이면 분자들은 서로 분리돼요. 그 후, 물이 말라 증발하면서 분자들은 새로운 결정체를 형성하기 위해 다시 서로 달라붙어요. 비누는 왜 쓰냐고요? 그렇게 하면 나중에 결정들을 닦아내기 더 쉽거든요!

바로 이거예요!

만약 비누 없이 똑같은 혼합물을 만들어 액체에 파이프 청소도구 모양으로 걸면, 결정체들이 점점 자라 그것을 전체적으로 덮어 얼음 같은 효과를 낼 거예요!

그 액체를 사용하여 검은색 공예지에 그림을 그릴 수도 있어요. 그것이 마르면 반짝이는 서리처럼 보일 거예요.

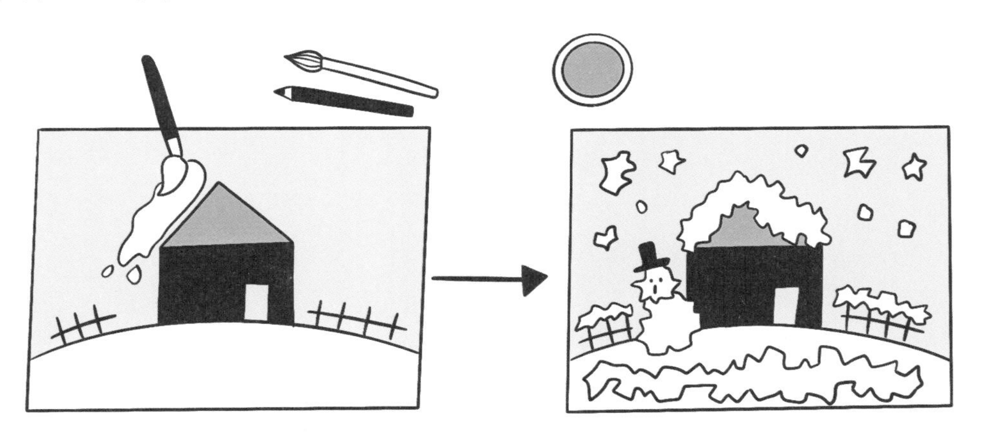

집에서 만든 라바 램프

장식용 전기 램프인 라바 램프는 아래쪽에 빛이 있고 위에는 액체가 담긴, 왁스를 입힌 용기가 있어요. 스위치를 켜면, 빛이 왁스를 가열하고, 액체가 위아래로 움직이기 시작해요.

트릭!

자신만의 라바 램프를 만들려면 깨끗한 항아리나 병이 필요해요. 병의 약 1/5을 물로 채우고 식용 색소를 몇 방울 넣어요. 그런 다음 병에 거의 가득 찰 때까지 조심스럽게 기름을 부어요. 해바라기 기름이나 식물성 기름 같은 기본 식용유를 사용해도 좋아요.

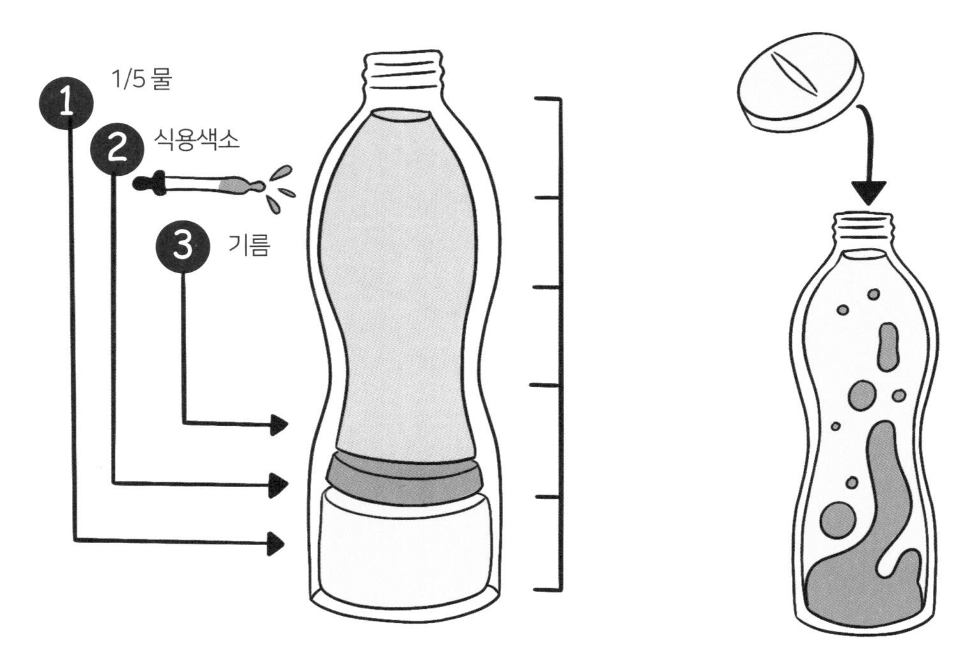

이제 보글보글 거품이 나는 비타민 정제 같은 발포제가 필요해요. 거품 입욕제 덩어리도 같은 효과가 있어요. 그것을 유리병에 떨어뜨려 바닥에 가라앉게 두어요. 그것이 물에 닿으면 쉬익 소리가 나며 거품이 일고, 밝은 방울들이 위아래로 떠다닐 거예요.

어떻게 된 걸까요?

기름과 물은 매우 다른 성질의 액체이며 잘 섞이지 않아요. 기름이 더 가벼워서 물 위에 뜨죠. 발포제가 물속에서 거품을 낼 때, 공기가 더 가벼우니까 거품들은 기름을 뚫고 위로 올라와요. 식용색소 일부를 묻힌 채 말이죠. 기름 위에서 거품들이 터지면 식용색소는 다시 아래로 떨어지죠.

바로 이거예요!

공장에서 만들어진 라바 램프에서, 바닥에 있는 빛은 그것을 빛나게 해요. 우리는 바닥에 손전등이나 플래시를 대고 위로 비추어 램프에 이러한 효과를 더할 수 있어요.

바로 이거예요!

병에 기름과 물을 넣고 뚜껑을 꽉 잠근 다음 흔들면 잠시 동안은 섞여 있어요. 하지만 잠깐 그대로 놔두면 물과 기름은 다시 두 층으로 나뉘어요!

봉지 안의 아이스크림

우리가 봉지로 즉석 아이스크림을 만들 수 있다고 말하면, 친구들은 아마 믿지 못할 거예요!
여기 요리법이 있어요.

트릭!

우선, 큰 얼음 봉지와 소금 한 봉지가 필요해요. 얼음 조각들이 든 봉지를 살 수도 있고, 집에 아이스 큐브 트레이를 충분히 갖고 있다면 냉장고에서 만들 수도 있어요. 작고 밀봉 가능한 음식 비닐 봉지와 우유(또는 두유나 귀리 우유와 같은 우유 대용품) 그리고 설탕도 필요해요.

작은 봉지에 약간의 우유를 설탕과 함께 붓고, 원한다면 바닐라 추출물 한 방울을 넣어요.

봉지를 닫아 밀봉해요. 그런 다음 커다란 얼음 봉지에 소금을 붓고 저어요.

작은 봉지를 재빨리 얼음 봉지에 넣은 다음 큰 봉지를 닫고 밀봉해요.

몇 분 정도 흔든 다음 작은 봉지 안을 확인해봐요. 아이스크림이어야 하는데! 한 번 해봐요!

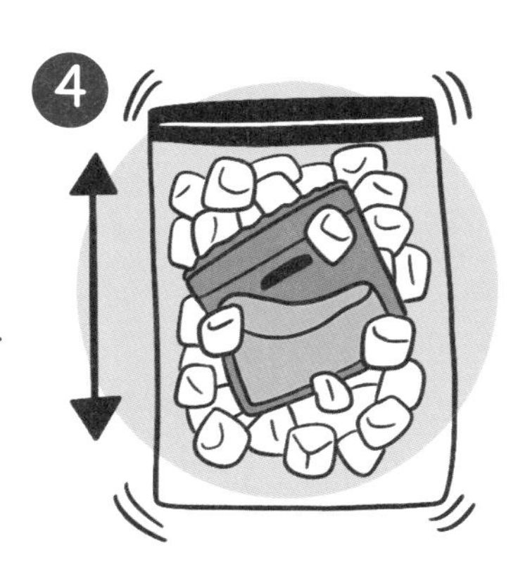

어떻게 된 걸까요?

단지 얼음 조각만으로는 우유를 이렇게 얼릴 수 없어요. 핵심이 되는 재료는 바로 소금이에요. 소금은 물을 원래보다 더 낮은 온도에서 얼게 만들어요. 그래서 얼음이 소금과 섞이면 녹기 시작하죠. 하지만 녹는 것은 에너지를 소모해요. 얼음이 우유의 열에너지를 재빨리 끌어내 녹으면 열을 뺏긴 우유는 얼게 되죠.

바로 이거예요!

이것이 바로 빙판길에 소금을 뿌리는 이유이기도 해요. 소금은 빙점을 낮추죠. 그래서 얼음이 녹고 길은 덜 미끄러워진답니다.

잉크플라워

매직펜이나 펜에는 눈에 보이는 것 이상의 것이 있어요!
이 트릭은 잉크 속에 숨어 있는 것을 드러내서 그것을 꽃무늬로 바꿔줘요!

트릭!

커피 필터 용지, 종이 타월, 물에 빨아도 되는 매직펜이나 펜이 필요해요. 영구 매직펜은 안돼요. 효과가 없거든요.

필터 용지를 대각선 10센티미터 정도의 원으로 잘라내요. 한 개나 두 개의 매직펜을 사용해서 둥근 종이 가운데에 점의 고리를 그림과 같이 그려줘요.

이제 거의 꼭대기까지 물을 가득 채운 작은 유리잔이나 플라스틱 잔이 필요해요.

둥근 종이를 그 위에 놓고 가운데를 눌러 물에 닿도록 해요.

몇 분 동안 그대로 놔두면….
짜잔, 꽃이 나타나고 있나요?

어떻게 된 걸까요?

대부분의 펜 잉크는 다른 성분들의 혼합물로 만들어진 거예요. 물이 종이에 스며들면, 물이 잉크를 가져가면서 퍼져나가죠. 일부 잉크 성분들은 밀도가 낮아서 다른 성분보다 종이를 더 멀리 이동해 꽃과 같은 무늬가 만들어져요.

바로 이거예요!

과학자들은 이 기술을 '크로마토그래피'라고 부르며, 실제로 실험에 사용한답니다. 꽃을 만들기 위해서가 아니라, 물질들을 개별적인 성분으로 나누어서 그것들이 무엇으로 만들어졌는지를 보기 위해서예요.

그것들이 다 건조되면, 원을 꽃 모양으로 잘라 그림이나 벽 장식품 또는 모빌을 만드는 데 사용할 수 있어요.

몬스터 마시멜로

어떻게 하면 마시멜로를 괴물 크기로 자라게 할 수 있을까요?
그냥 전자레인지에 넣으면 돼요. 어른에게 도와달라고 해요.

트릭!

평범한 마시멜로를 전자레인지용 접시의 중앙에 놓아요. 전자레인지에 접시를 넣고 30~60초 정도 고출력으로 조리해요. 무슨 일이 일어나는지 전자레인지 창문으로 들여다보아요. 그것은 괴물 크기의 마시멜로로 자랄 거예요!

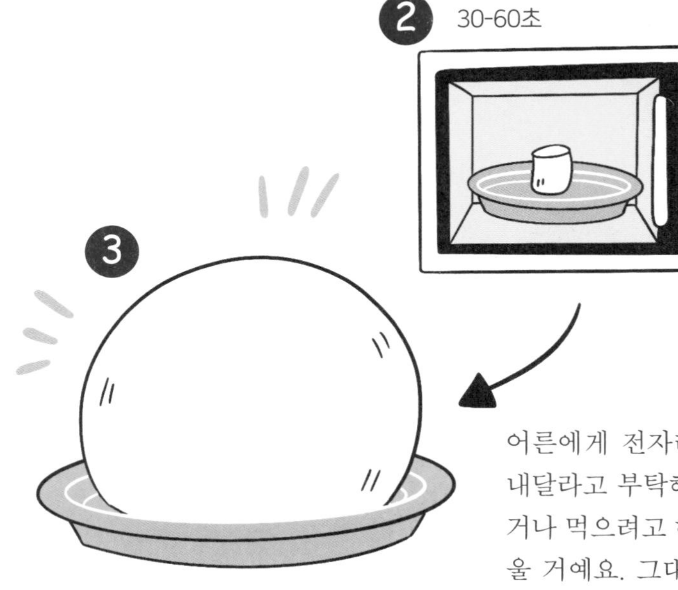

어른에게 전자레인지에서 몬스터 멜로를 꺼내달라고 부탁해요. 오, 잠깐! 당장 그것을 집거나 먹으려고 하지 말아요. 데일 정도로 뜨거울 거예요. 그대로 식히면서, 무슨 일이 일어나는지 지켜보자고요.

어떻게 된 걸까요?

마시멜로는 기포로 만들어졌어요. 안에 갇힌 기포들이 많은 고체죠. 공기가 뜨거워지면, 마시멜로는 팽창하면서 커져요. 훨씬 더 크게요! 팽창하는 공기는 마시멜로 내부를 자라게 하면서 괴물로 변한답니다. 그것이 식으면, 공기는 다시 수축하겠죠.

풍선 케밥

친구들에게 풍선을 터뜨리지 않고 나무 꼬치를 풍선에 꽂는 데 도전하라고 해봐요.

트릭!

불가능하게 들릴지 모르지만, 이 트릭은 쉬워요! 부푼 풍선이 필요하지만 공기는 너무 팽팽하게 차지 않도록 주의해요.

케밥에 쓰이는 종류의 나무 꼬치를 풍선 안으로 부드럽게 밀어넣어요. 풍선을 묶은 목 옆 부분을 지나도록 말이죠. 계속 밀어넣어서, 꼬치 끝을 풍선 꼭대기에 있는 더 두꺼운 고무로 된 짙은 부분이 있는 곳까지 닿도록 해요. 꼭 이 지점들이어야 해요. 자, 풍선 케밥이 만들어졌죠!

어떻게 된 걸까요?

풍선은 팽팽하게 당겨진 고무가 뚫리면 쉽게 터져요. 재빨리 당겨져 풍선이 찌그러지면서 공기가 밀려나가기 때문이죠. 하지만 고무가 두껍고 덜 당겨진 풍선을 뚫으면 이런 일은 일어나지 않아요. 물론 공기는 점차 빠져나가겠지만요.

뜨거운 손과 차가운 손

우리 몸은 덥거나 추울 때를 잘 알고 있지요?
과연 그런지 이 놀라운 묘기를 직접 시도해본 다음, 친구들에게 시험해봐요!

트릭!

믹싱 볼 같은 커다란 그릇이 3개 필요해요. 하나는 차가운 물로 채우고 두 번째 것은 너무 뜨겁진 않은 물로 채워요. 세 번째 그릇은 뜨거운 물과 차가운 물을 섞은 미지근한 물로 채우고요.
미지근한 물이 담긴 그릇을 가운데 두고 그릇들을 모두 테이블 위에 놓아요. 이제 한 손은 뜨거운 물에 넣고, 다른 한 손은 차가운 물에 넣어요. 60초 동안 그대로 있어요. 그런 다음 양손을 빼내 미지근한 물이 담긴 그릇에 재빨리 넣어요. 어떤 느낌이 들어요?

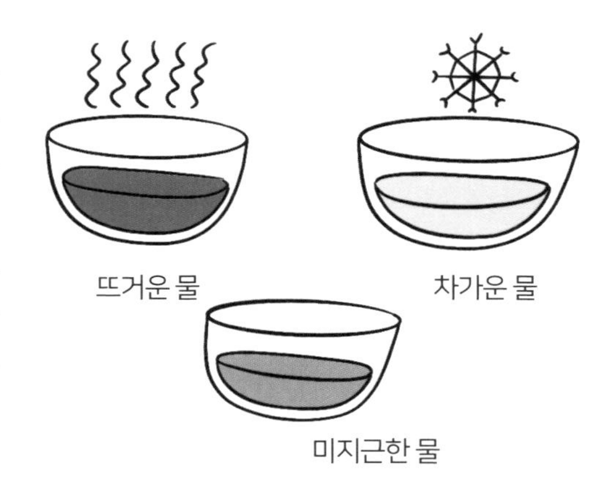

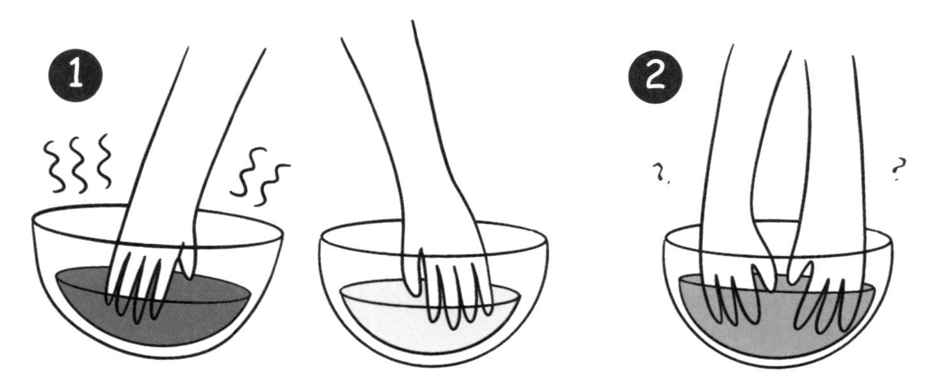

어떻게 된 걸까요?

만약 이 단계를 따랐다면, 한 손은 차가운 물속에 있고 다른 한 손은 뜨거운 물속에 있다는 이상한 느낌이 들 거예요, 비록 양손이 같은 물속에 있더라도 말이죠!
이것은 우리 몸이 실제로 온도를 잘 감지하지 못하기 때문이에요. 우리는 정확한 온도가 아니라 온도 차이와 대비를 감지해요. 뜨거운 물에 담갔던 손이 차가운 느낌이 드는 이유는 뜨거운 물에 익숙해졌기 때문이에요. 그 반대의 경우도 마찬가지겠죠.

바로 이거예요!

어떤 사물이 얼마나 뜨겁거나 차가운지를 정확히 구별하고 싶다면 우리의 신체를 믿진 말기로 해요. 맞아요, 온도계를 사용해서 온도를 측정하는 게 좋아요.

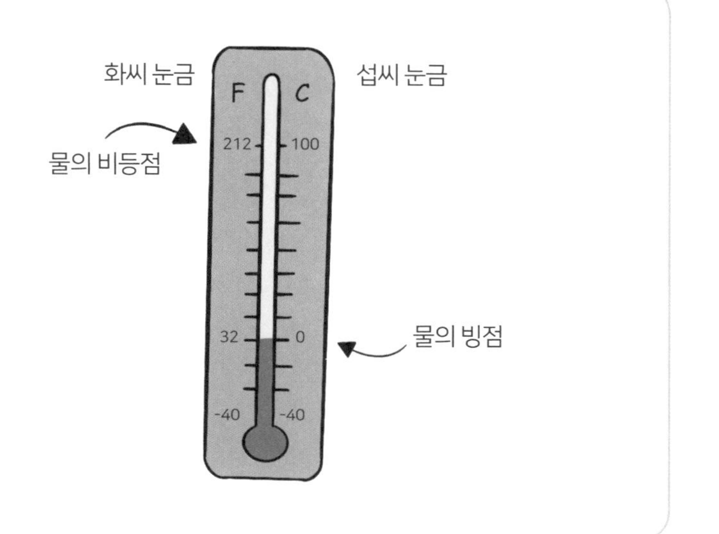

일본의 눈 덮인 산에서, 마카크들은 몸을 따뜻하게 하기 위해 멋진 온천욕을 즐긴답니다. 마치 사람처럼요!

얼음 낚시

이 트릭은 가족들을 저녁 식탁에 같이 앉게 만드는 재미있는 도전이 될 거예요.
과연 실 한 가닥으로 물에 떠 있는 얼음 조각을 집어들 수 있을까요?

트릭!

이번엔 얼음 조각이 뜬 유리잔이나 물그릇, 그리고 약 30센티미터 길이의 끈이 필요해요. 얇은 실이나 끈은 어떤 종류든 괜찮아요. 도전 과제가 뭐냐고요? 손으로 얼음을 만지지 않고 끈을 사용해 물 밖으로 들어올리는 거예요.

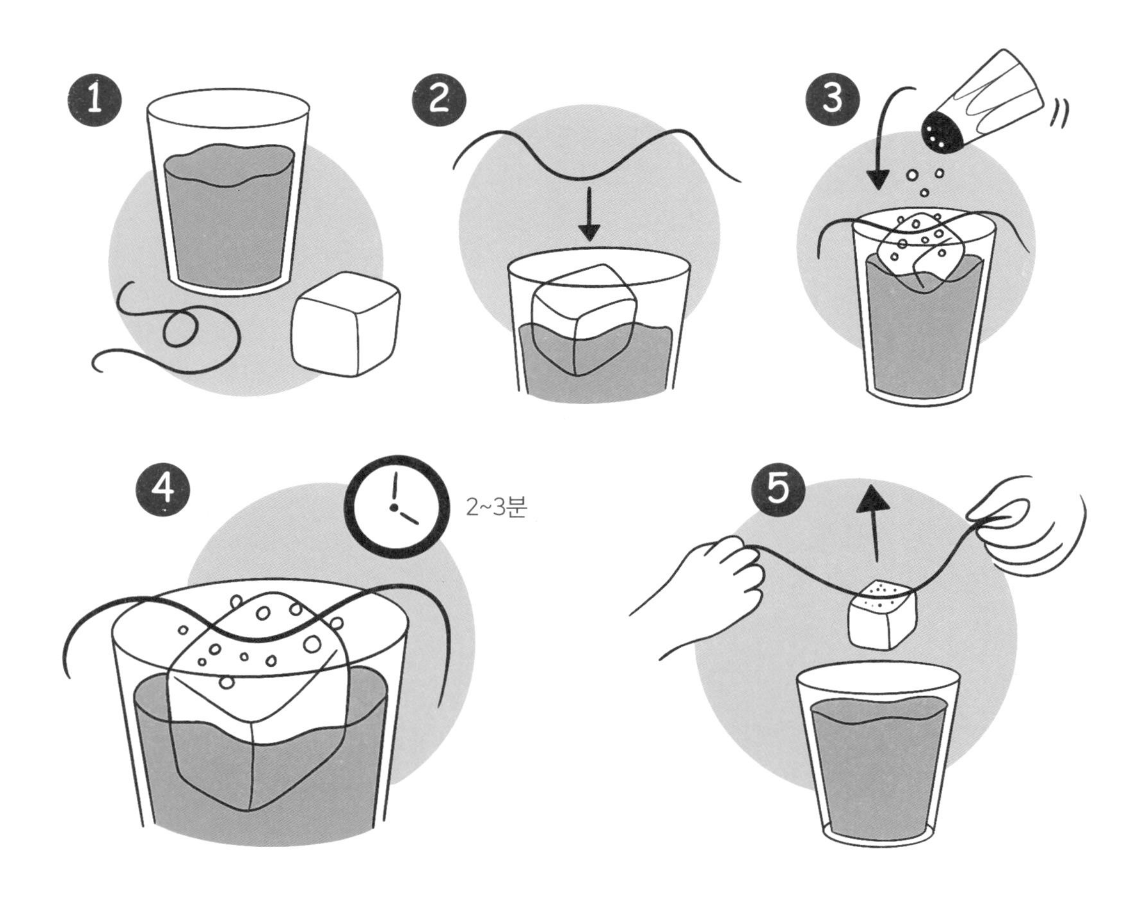

아무리 얼음 조각 주변에 끈을 연결하거나 묶으려고 해도, 얼음은 미끄러져 떨어질 거예요. 하지만 여기 비결이 있답니다. 얼음 위에 끈을 놓은 다음, 그 위에 소금을 한 층 얇게 뿌려요. 몇 분 동안 기다렸다가 조심스럽게 줄을 들어올리면? 얼음 조각도 같이 나올 거예요!

어떻게 된 걸까요?

소금은 물의 빙점을 낮춰요. 그래서 소금을 넣으면 얼음 윗면이 녹기 시작해요. 끈은 녹은 물 안으로 가라앉지요. 하지만 이내, 녹은 물이 소금을 씻어내므로 물은 다시 단단하게 얼기 시작해요. 이제 끈이 고정되겠죠!

바로 이거예요!

만약 예술성을 느끼고 싶다면, 식용색소를 이용해서 소금이 어떻게 얼음을 녹이는지 지켜봐도 좋을 거예요. 플라스틱 용기에 물을 얼려 얼음 덩어리를 만든 다음 그것을 쟁반에 담아요. 얼음 위에 약간의 식용색소를 떨어뜨린 후 위에 소금을 뿌리고요. 얼음이 녹기 시작하면서 깊은 수로를 형성하면 그 안으로 색소가 가라앉으며 퍼질 거예요.

훌륭한 달걀 트릭

완숙된 달걀을 유리병 위에 올려놓아요. 달걀을 자르지 않고 병 '안으로' 집어넣을 수 있다고 하면 사람들은 어떤 반응을 보일까요? 아무도 우리 말을 믿지 않을 거예요!

삑 삑! 안전 경고!

달걀 요리할 때와 성냥을 사용할 때 어른에게 도와달라고 부탁해요.

트릭!

그럼 트릭을 준비해볼까요. 입구가 넓은(달걀보다 약간 좁은) 유리병이 가장 효과적이에요. 소스 병들이 적당하죠. 유리병 안이 깨끗하고 잘 건조되었는지만 확인해요.

어른에게 끓는 물에 10분 동안 달걀을 익히는 걸 도와달라고 부탁해요. 그래야 트릭을 하는 내내 계란이 단단하거든요.
달걀을 식힌 다음 껍질을 조심스럽게 벗겨요.
달걀을 물에 담가 축축하게 한 다음 유리병 위에 놓아요.

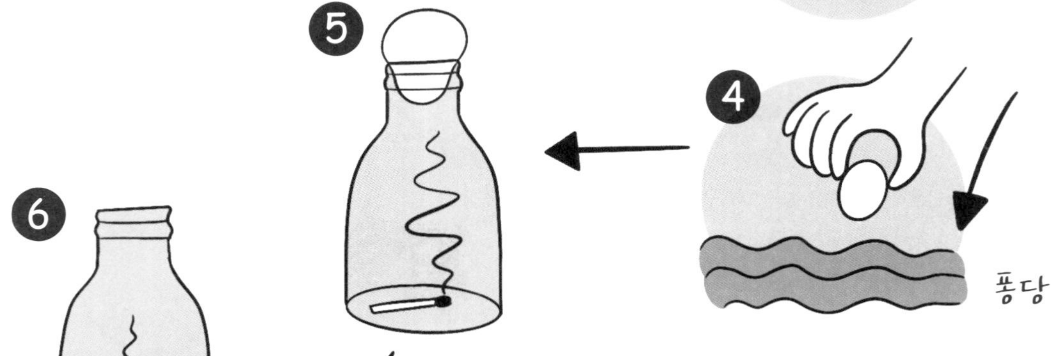

묘기를 부리기 위해, 어른에게 성냥을 켜달라고 부탁해요.
달걀을 들어올린 다음 불붙은 성냥을 병 안에 떨어뜨리고 재빨리 달걀을 다시 위에 올려놓아요.
안으로 들어가라, 얍!

어떻게 된 걸까요?

이것은 공기가 다른 물질들과 마찬가지로 뜨거워지면 팽창하거나 커지고 차가워지면 수축하는 성질 때문에 가능한 묘기예요. 불이 붙은 성냥은 병 안의 공기를 가열하여 팽창시키죠. 성냥이 꺼지면 공기가 차가워지고요.

하지만 지금은 달걀이 입구를 막고 있어서, 수축된 공기만큼 병 내부의 압력이 줄어들어요. 병 외부의 공기 압력이 더 강하기 때문에 달걀은 병 안으로 밀려 들어가죠.

보틀 분수

여기, 공기를 팽창시키거나 수축시키기 위해 뜨거움과 차가움을 활용하는 또 다른 멋진 묘기가 있어요.
병 안에 미니 분수를 만들어볼 거예요!

트릭!

먼저, 큰 주전자에 찬물을 3/4 채우고 얼음 조각 몇 개와 식용색소 몇 방울을 넣어요.
플라스틱 병, 빨대, 약간의 지점토나 찰흙을 준비하고요. 반죽 덩어리로 빨대의 한쪽 끝부분에 공 모양을 만들어요. 공은 병의 입구를 단단히 봉할 수 있을 만큼 커야 해요. 빨대를 반죽에 꽂아 병의 3/4 지점에 도달할 때까지 밀어넣은 다음, 그 자리에 고정시켜요. 빨대 윗부분을 잘라내요.

병을 거꾸로 잡고 30초 정도 뜨거운 물을 흘려보내요. 병의 몸통이 뜨거워졌는지 확인한 후 재빨리 병을 아래로 향하게 한 채 얼음물 혼합물에 넣어요. 그렇죠! 거기, 우리의 분수가 있습니다!

어떻게 된 걸까요?

병을 달구면 내부의 공기 또한 따뜻해져요. 공기는 팽창하고 일부는 빨대를 통해 밖으로 밀려나요. 따뜻한 병이 차가운 물에 닿으면 내부의 공기가 갑자기 수축하겠죠. 수축하면서 압력이 더 떨어지고요. 병 외부의 공기 압력이 병 내부의 공기 압력보다 더 크기 때문에, 염색된 물이 빨대를 통해 위로 밀어 올려져 끝에서 떨어진답니다.

마시멜로 녹이기

만약 덥고 화창한 날이라면, 신속히 준비해야 할 것은 피자 상자예요!
이 멋진 오븐은 전기가 전혀 필요 없고, 그냥 태양의 열기만 있으면 되거든요.

트릭!

피자 상자 또는 여닫을 수 있는 뚜껑이 달린 비슷한 크기의 납작한 상자를 준비해요. 먼저, 그림과 같이 뚜껑의 앞면과 옆면을 가장자리로부터 약 2센티미터 정도 잘라 작은 플랩을 만들어요.

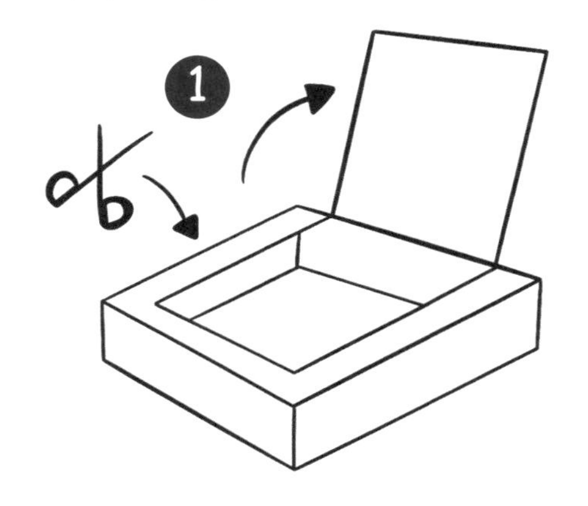

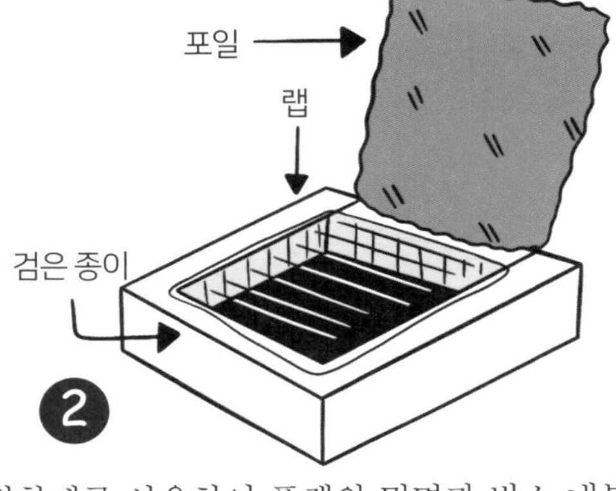

테이프나 접착제를 사용하여 플랩의 밑면과 박스 내부를 쿠킹 포일로 덮어요. 그런 다음 검은 종이로 상자 바닥 안쪽의 포일 위를 덮어요. 남은 플랩을 들어올리고 박스 뚜껑에 있는 구멍을 깨끗한 랩으로 매끄럽게 펼쳐 덮어요.

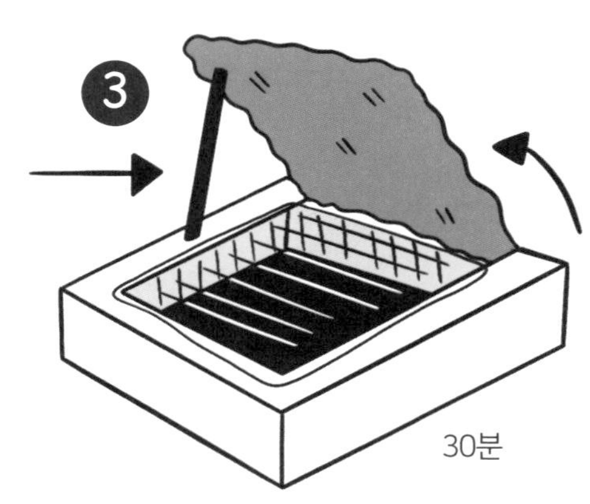

뚜껑을 닫고, 그림과 같이 빨대나 연필을 테이프로 붙여 플랩을 연 상태로 지탱하도록 해요. 플랩이 태양을 향하도록 한 채 오븐을 밝은 햇살 아래 놓아요. 30분 정도 데우고 나면, 요리할 준비가 된 거예요!

작은 포일 조각 위에 크래커나 잘게 썬 바나나 조각들을 놓고 그 위에 마시멜로나 네모난 초콜릿 조각들을 얹어요. 그것을 오븐 안에 넣어요. 깨끗한 랩으로 만든 창 아래에서 무슨 일이 일어나는지 지켜볼까요!

어떻게 된 걸까요?

은박지는 태양에서 오는 열을 반사해서 그것을 상자 내부로 향하게 해요. 투명한 랩 창문이 안에 열을 가두어 놓는 동안 검은 종이는 햇빛을 흡수해서 가열되고 있는 것에 열을 추가하죠. 상자의 내부가 온실처럼 점점 뜨거워지겠죠.

바로 이거예요!

피자 상자 오븐으로 모든 종류의 맛있는 간식을 요리할 수 있어요. 위에 치즈를 얹은 빵도 가능해요. 나초나 설탕과 계피를 뿌린 사과 조각도요.

회전하는 나선

혹시 집이나 교실에 난방기나 라디에이터를 가지고 있다면,
마치 마술처럼, 스스로 돌아가는 나선형 스핀을 만들 수 있어요!

트릭!

두껍거나 무거운 커다란 종이에 그림과 같이 나선형을 그려요. 가운데부터 가장자리까지 나선의 두께가 똑같아야 해요.

나선형 그림을 잘라낸 다음, 가장자리에서 중간까지 선을 따라 잘라요. 가위나 날카로운 연필로, 가운데에 작은 구멍을 뚫어요.

끈을 길게 잘라 한쪽 끝에 매듭을 묶고 다른 한쪽은 나선 구멍을 꿰어 매달 수 있도록 준비해요.
그런 다음 나선형 스핀을 따뜻한 라디에이터나 히터 위에 걸어달라고 어른에게 부탁해요.
어때요, 돌아가나요?

어떻게 된 걸까요?

공기가 가열되면 팽창하고 상승해요. 공기 분자들이 멀리 퍼져나가죠. 차가운 공기는 더 조밀하고 가라앉고요. 라디에이터 위에서는 따뜻한 공기가 상승하면서 위로 이동하지요. 따뜻한 공기가 나선형 스핀의 바닥과 부딪히면서 밀어주니까 나선형 스핀이 회전하는 거예요.

바로 이거예요!

뜨거운 공기와 차가운 공기가 훨씬 더 큰 규모로 상승하고 하강하는 것은 날씨에 큰 부분으로 작용해요. 뜨거운 공기가 상승할 때, 차가운 공기는 땅을 따라 빨려 들어가요. 찬 공기가 가라앉을 때는 바람을 일으키면서 퍼져나가 옆으로 흐르죠!

불꽃에 강한 풍선

풍선을 터뜨리지 않고 촛불 위에 올려놓을 수 있다고 말하면 아무도 믿지 않을 거예요.
그들에게 먼저 도전해보라고 한 다음 무슨 일이 일어나는지 볼까요!

삑 삑! 안전 경고!

촛불이나 성냥을 포함해서 불꽃과 관련된 재주를 부릴 때는 항상 어른에게 도와달라고 부탁해야 합니다.

트릭!

이 묘기에는 중간 크기의 풍선 몇 개와 양초가 필요해요. 평평한 표면 위에 얹은 양초를 내열판이나 쟁반 위에 올려놓아요. 그런 다음 풍선을 불어서 끝을 묶어요.
어른에게 촛불을 켜달라고 부탁하고, 친구에게 풍선을 터뜨리지 않고 풍선을 촛불 위에 대고 있을 수 있는지 물어보아요. 가능성은 얼마나 될까요? 별로 없겠죠! 풍선이 터지면서 펑 하는 소리가 들릴 거예요.

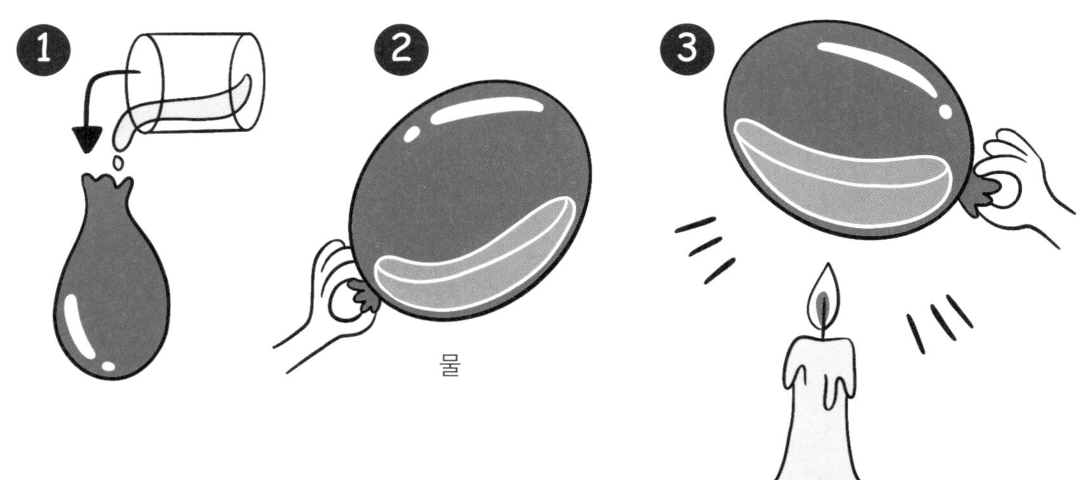

그럼 우리가 해봐야죠. 새로운 풍선을 가져와서 수도꼭지에 풍선 입구를 대거나 작은 깔때기를 사용해 풍선 안에 물을 한 잔 정도 부어요. 이제 풍선 안에 든 물을 흘리지 않도록 조심하면서 풍선을 분 다음 끝을 단단하게 묶어요.

풍선 안의 물이 불꽃 바로 위에 있도록 하면서, 풍선을 촛불 위에 두어요. 풍선이 터지나요? 그렇지 않을 걸요!

어떻게 된 걸까요?

이렇게 되는 이유는 물이 열을 흡수하는(빨아들이는) 데 매우 능숙하기 때문이에요. 물을 데우려면 많은 열에너지가 필요해요. 그것이 큰 냄비에 담긴 물을 끓이는 데 오랜 시간이 걸리고, 더울 때 차가운 물이 우리의 열을 식혀주어 시원하게 하는 이유랍니다.

양초의 뜨거운 불꽃이 풍선에 닿으면 대체로 강렬한 열기가 고무의 구멍을 순식간에 녹여요. 풍선은 펑하고 터지지요. 하지만 풍선 안에 물이 들어 있으면, 고무가 녹을 만큼 뜨거워지기 전에 물이 열을 흡수한답니다.

마법의 불꽃

양초 심지에 불을 닿지 않게 하고도 성냥에 불을 붙일 수 있다고 하면 친구들은 어떤 반응을 보일까요? 불가능하게 들리지만, 이 '마법의' 트릭(실제로는 과학이지만!)으로 가능하답니다.

삑 삑! 안전 경고!

또 하나의 양초 트릭이네요. 그러니 항상 주변에 어른이 있어야 해요.

트릭!

이 트릭은 공기가 차분하고 고요한 실내에서 해야 효과가 있어요. 열린 창문으로 바람이 들어오거나 선풍기 바람이 불면, 실패할 거예요!

먼저, 친구나 가족에게 도전해보라고 권해요. 그들은 성냥을 켜서 촛불을 켜야 해요. 단, 성냥불이 초의 어느 부분에도 닿아서는 안 돼요. 불가능한 일이죠? 초 심지에 불을 붙이려면, 성냥불을 심지에 대고 몇 초 동안 있어야만 하니까요.

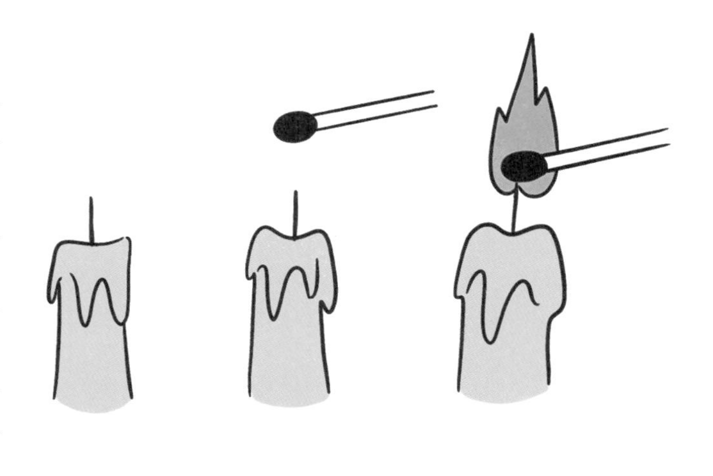

이제 우리 차례예요. 어른에게 초에 불을 붙여달라고 부탁한 다음 잠시 그것이 타도록 놔두어요. 성냥이 준비되면, 촛불을 부드럽게 불어 꺼요. 촛불이 꺼지고 나면 심지에서 가느다란 연기 자국이 피어오를 거예요. 조심스럽게 성냥을 그어, 양초 위로 피어오르는 연기 자국에 불꽃을 대요.

짜잔! 초에 다시 불이 붙었어요!

어떻게 된 걸까요?

촛불은 탈 때, 왁스가 녹아서 뜨거운 증기나 기체로 변해요. 촛불 불꽃을 볼 때, 타고 있는 게 이 기체랍니다. 촛불을 불어 껐을 때 심지에서 피어오르는 연기 속에는 뜨거운 왁스 증기가 들어 있는데, 이 증기는 매우 쉽게 불이 붙어요. 그래서 불꽃을 연기에 대면, 바로 불이 붙어버리죠. 불은 심지로 내려가서 다시 양초에 불이 켜진답니다!

캔 으스러뜨리기

이 트릭은 열과 냉기의 도움으로 금속 음료 캔이 순식간에 우그러지도록 만들어요.

삑 삑! 안전 경고!

뜨거운 캔을 잡거나 물에 떨어뜨리는 것을 포함해서, 이 트릭에서의 뜨거운 과정은 어른에게 부탁해요!

트릭!

먼저, 큰 그릇에 찬물을 채우고 얼음 조각들을 넣고 휘저어요. 이제 필요한 것은 깨끗하고 빈 음료수 캔, 오븐, 기다란 금속 집게예요.

어른에게 오븐을 가장 뜨겁게 데워달라고 부탁해요. 여러분은 기다리는 동안, 캔에 얼음물을 몇 티스푼 넣어요.

오븐이 뜨거울 때, 그 안에 캔을 넣어달라고 어른에게 부탁드려요. 약 10분이 지나면, 캔은 정말 뜨거워졌을 것이고 캔 안의 물은 끓기 시작할 거예요.

뜨거운 캔을 오븐에서 집게로 꺼내달라고 어른에게 부탁드려요. 재빨리 캔을 뒤집어 얼음물에 담가야 해요. 캔이 구겨지는군요!

어떻게 된 걸까요?

물이 든 캔을 가열하면 물은 끓어 액체에서 기체, 즉 수증기로 변해요. 이제 그 캔은 공기 대신 수증기로 가득 차 있어요.

캔이 얼음물에 거꾸로 빠지면, 캔 내부의 수증기가 즉시 식어서 다시 액체인 물로 변해요. 하지만 물은 증기보다 훨씬 더 적은 공간을 차지하죠. 결국 캔 내부 압력이 떨어지고, 입구는 물로 막혀 공기를 빨아들이지 못해요. 단 1초 만에, 캔 외부의 더 큰 공기 압력이 캔을 포도처럼 으스러뜨리고 말아요!

바로 이거예요!

열과 냉기는 물이나 다른 많은 물질을 고체, 액체, 기체 등으로 상태를 변하게 만들어요. 예를 들어, 물은 0℃ 미만일 때 얼고 100℃에서 끓어 기체로 변해요.

얼음 풍선

이것은 바깥 날씨가 엄청 추울 때 시도하기 좋은 묘기예요!

트릭!

풍선에 물을 채우고 끝을 묶은 다음 밖에 내놓아 얼려요. 물을 얼릴 정도로 춥지 않으면, 냉동고를 이용해요. 냉동고에 충분한 공간이 있어야겠죠.
풍선이 꽁꽁 얼었다면 풍선의 목을 잘라내요. 완벽한 얼음 돔이 남았군요. 눈 위에 야외 조명을 놓고 그 위에 얼음 풍선을 씌워요. 훌륭한 겨울 장식이 되었네요. 얼음 램프가 되었으니 빛이 얼음 풍선을 뚫고 빛날 거예요.

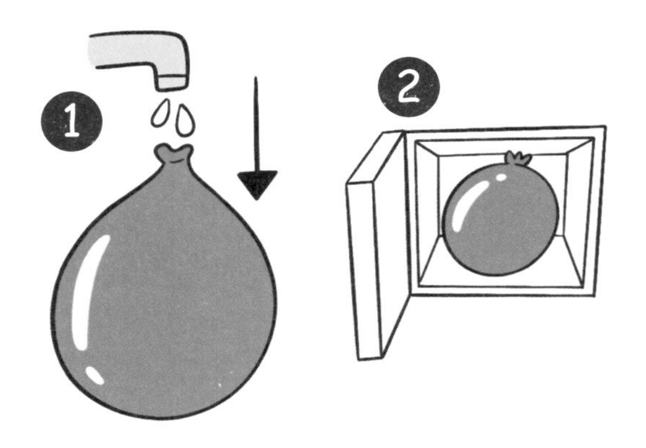

어떻게 된 걸까요?

풍선을 공기나 물로 채울 때, 풍선은 사방으로 그것을 밀어내요. 그래서 풍선이 사방으로 똑같이 펼쳐져, 최대한 가장 둥근 모양이 되지요.

얼음 거품

거품은 왜 그렇게 빨리 터질까요? 음, 얼리면 늦게 터질까요?

트릭!

바깥 날씨가 영하로 떨어질 때, 거품을 지속시키는 방법이 있어요.
거품 용액은 밖에서 사용해야 해요. 커다랗게 거품을 불어 버블 봉에 올려놓고 기다려요. 만약 운이 좋다면, 그것이 고체로 얼면서 거품을 가로질러 결정체가 형성되는 과정을 볼 수 있을 거예요.

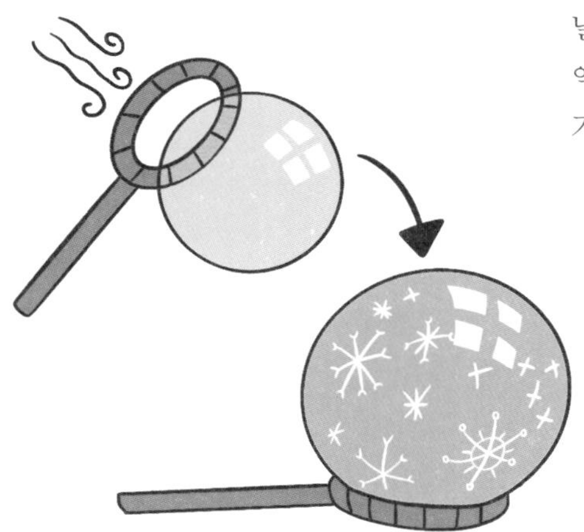

날씨가 그렇게 춥지 않다면, 작은 도자기 접시에 거품 용액을 붓고 빨대로 불어 반원 모양의 거품을 내요. 접시와 거품을 냉동실에 넣고 얼게 놔둬요.

어떻게 된 걸까요?

거품은 얇은 비누막으로 만들어져요. 거품 내부의 공기가 사방으로 밀고 나오면서 구를 형성해요. 하지만 중력이 액체비누를 거품 바닥으로 끌어내리면서 윗부분이 너무 얇아지고 결국 터지고 말지요. 거품을 얼리면, 이런 일은 일어날 수가 없어요. 거품은 더 오래 지속된답니다.

팁: 얼린 거품을 깨서 비누 층이 얼마나 얇은지 관찰해요.

유리잔이 사라졌어요!

친구들에게 작은 유리잔을 보여주면서 바로 눈앞에서 사라지게 할 수 있다고 말해요!
일단 정말 가능한지 확인해볼까요!

트릭!

작은 유리잔과, 그 유리잔이 들어갈 더 큰 유리 주전자나 그릇이 필요해요. 그리고 해바라기유 같은 식용유도 1병 필요해요. 사용하기 전에 어른에게 여쭤보는 건 필수.

유리잔을 주전자나 그릇 안에 넣고 모두에게 보이는지를 확인해요. 그런 다음 유리잔을 다 덮을 때까지 그릇 안에 기름을 천천히 부어요.

어떻게 된 걸까요?

이 트릭은 빛이 투명한 물체를 통과하면서 휘거나 굴절하는 특징 때문에 가능해요.
유리잔을 보고 있자면, 유리를 통과하면서 빛나는 빛의 광선을 볼 수 있어요. 빛은 유리나 물과 같은 다른 투명한 물질로 들어오고 나갈 때, 구부러지고 방향을 바꿔요. 그래서 유리그릇을 통해 보면, 사물이 구부러지고 일그러져 보이죠. 우리의 눈에 닿는 빛은 통과되어오면서 이미 휘어진 것이랍니다.
투명한 일부 물질은 다른 물질들보다 빛을 더 많이 굴절시켜요. 그런데 유리와 기름은 이런 면에서 성질이 매우 비슷해요. 유리가 기름 속에 있으면, 빛은 거의 구부러지지 않고 기름에서 유리로 들어왔다가 다시 나갑니다. 그래서 우리는 유리가 어디에 숨어 있는지 볼 수 없어요!

바로 이거예요!

창문을 통해 볼 때는 왜 이런 일이 일어나지 않는 거죠?
아녜요, 일어나요! 다만, 유리가 평평하기 때문에 대부분의 물체가 크게 달라 보이지 않을 뿐이에요. 그렇지만 약간 일그러져 있지요.

우리 방은 카메라야!

카메라가 어떤 식으로 작동하는지 궁금했던 적 있나요? 카메라는 작은 구멍을 통해 광선을 들여보냄으로써 이미지를 포착해요. 우리 방에서도 똑같이 할 수 있어요!

트릭!

연한 색깔의 벽과 가리기 쉽게 작은 창문이 있는 방이 가장 효과가 좋아요. 창을 통해서, 단순히 하늘이 아닌 뭔가 보이는 것이 있어야 해요.

어른과 함께, 낡은 판지 상자나 검은 쓰레기봉투 또는 두꺼운 검은 천 등으로 창문을 덮어요. 어떤 빛도 새나지 않도록 제거하기 쉬운 테이프로 가장자리에 고정해요. 그런 다음 가위나 날카로운 연필을 사용해서 판지나 플라스틱 또는 천에 작은 구멍을 하나 만들어요.

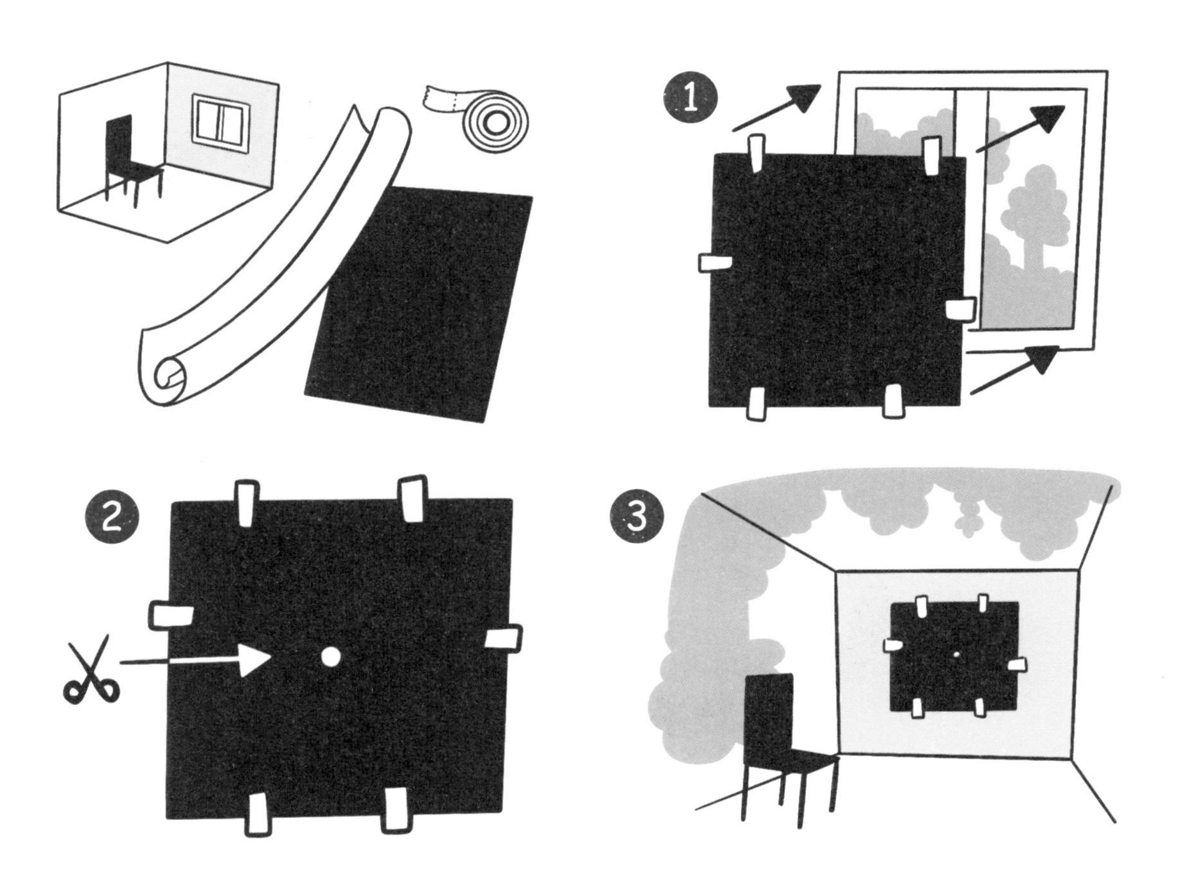

밝은 대낮에 방의 모든 전등을 끄고 문을 닫으면, 카메라가 작동해요. 창문 맞은편 벽을 보면서 외부 세상의 이미지가 어떠한지 살펴봐요. 아마 거꾸로 보일 거예요!

어떻게 된 걸까요?

방 외부의 모든 것은 사방으로 빛을 반사해요. 그러나 좁은 빛줄기들은 작은 구멍을 통해서만 빛날 수 있어요. 광선은 직선으로 이동하죠. 그래서 각각의 빛줄기가 구멍을 통과해 직선으로 나가면서, 빛이 시작된 곳에서부터 구멍의 맞은편 벽에 부딪혀요. 이것은 맞은편 벽에 외부 세계의 그림을 만드는데, 위아래와 좌우가 바뀌는 식으로 작동해요!

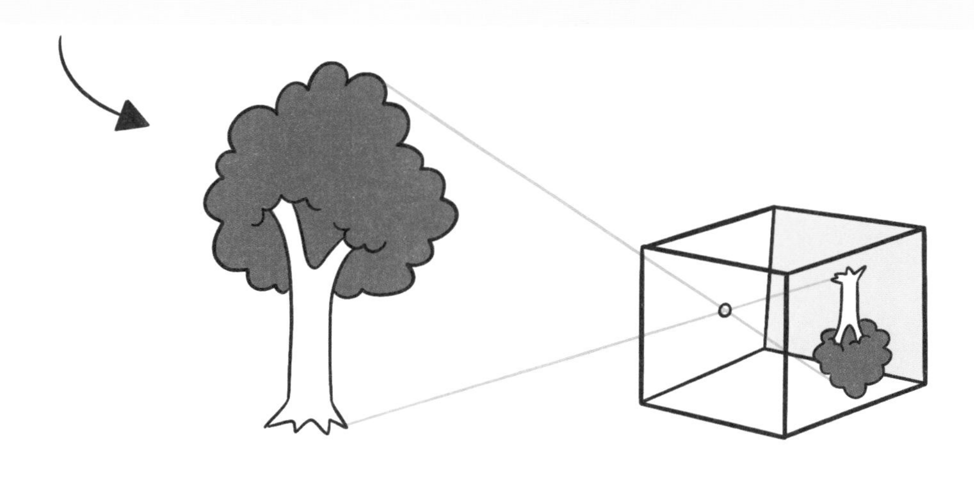

바로 이거예요!

이 오래된 트릭은 '카메라 오브스쿠라'라고 불리는데, '어두운 방'을 의미하는 라틴어랍니다!

빛으로 그림 그리기

어둠 속에서 손에 들고 터뜨리는 작은 폭죽이나 야광봉을 엄청 빨리 흔들어본 적 있나요?
빛의 흔적을 남기는 것 같은 느낌이죠? 빛으로 그림을 그리는 것처럼요!
여기 스마트폰 카메라로 우리의 그림을 영구적으로 만드는 방법이 있어요.

트릭!

야광봉이나 다른 작은 조명, 스마트폰 카메라, 어두운 밤이나 어두운 방, 그리고 도움을 청할 어른이 필요해요. 어른에게 카메라를 긴 셔터 속도로 설정하는 것을 도와달라고 요청해요. 이렇게 하면 10초 정도의 더 오랜 시간에 걸쳐 한 장의 사진을 찍을 수 있어요. 카메라에 이러한 기능이 없으면 해당 앱을 찾아보고요.

어둠 속에서 빛을 이리저리 흔들어 무늬와 모양을 만들면서 어른들에게 사진을 찍어달라고 부탁드려요. 사진을 보면, 우리가 움직이면서 '그린' 모든 선이 보일 거예요!

어떻게 된 걸까요?

야광봉과 같은 광원은 일정한 빛 에너지를 방출해요. 우리의 눈에서, 빛 에너지는 뇌로 보내지는 신호로 바뀌죠. 우리는 짧은 시간 동안만 각각의 빛을 감지해요. 만약 광원이 빠르게 움직인다면, 우리는 빛의 짧은 흔적만을 볼 수 있어요.

그러나 카메라는 빛을 고정 이미지로 캡처하여 저장해요. 빛이 어디에 있든, 카메라는 그것을 기록하고 사진에 추가해요. 이미지의 나머지 부분은 어둡기 때문에, 우리는 '빛 그림'만 볼 수 있어요.

바로 이거예요!

우리는 다양한 조명을 사용해 많은 예술적 효과를 만들어낼 수 있어요. 꼬마전구, 반짝이는 자전거 불빛, 침대맡의 빛나는 조명, 스마트폰의 빛나는 화면 등을 활용해도 좋아요.

야광

요즘에는 온갖 모양과 크기의 설탕을 쉽게 구할 수 있지만 옛날에는 커피를 달게 하는 일이 더 복잡했어요. 사람들은 '설탕 덩어리'라고 불리는 크고 단단한 덩어리를 사서 조금씩 잘라서 써야 했어요. 어두운 곳에서 설탕을 자르고 있으면 때때로 빛의 섬광이 보이곤 했지요!

트릭!

각설탕이나 설탕이 든 박하사탕으로 이 놀라운 현상을 재현할 수 있어요. 매우 어두운 방, 깨끗한 음식 봉지, 커다란 펜치 한 자루 그리고 도와줄 어른이 필요해요.

우선, 봉지에 사탕을 몇 개 넣고 밀봉해요. 준비물을 모두 어두운 방으로 가져가서 어른에게 펜치를 사용해 봉지 안에 든 박하사탕이나 각설탕을 부서뜨려달라고 부탁해요. 사탕들이 봉지 안에 들어 있기 때문에 방이 어질러지지는 않을 거예요.

박하사탕이나 각설탕이 으깨질 때 주의 깊게 보아요. 녹청색으로 빛나는 섬광이 보이나요?

어떻게 된 걸까요?

빛은 태양, 침대 맡의 램프, 촛불 불꽃, 심지어 빛나는 반딧불이 등의 원천에서 나와요. 빛은 에너지의 한 종류이고 그것은 오직 다른 종류의 에너지로만 만들어질 수 있어요. 예를 들어, 양초에서 왁스는 화학 에너지를 포함하고 있기 때문에 연료라고 할 수 있어요. 그것은 타면서 빛을 내요. 침대 맡의 램프는 전기 에너지를 빛으로 바꾸는 거예요.
각설탕이 으스러뜨려지는 움직임에서 발생하는 에너지는 가벼워요. 이러한 종류의 빛은 그 자체의 이름이기도 한 '마찰발광'을 가지고 있어요. 어떤 방식으로 이렇게 되는 거냐고요? 앗. 실수. 다시 연락드리겠습니다! 과학자들도 잘 모른대요!

바로 이거예요!

마찰발광을 만드는 다른 방법들도 있어요. 롤에서 테이프를 재빨리 잡아당겨 떼거나, 달라붙은 석고나 붕대의 뒷면을 잡아당기거나, 봉투의 끈적끈적한 밀봉 부분을 뜯는 거예요. 아마 박하사탕이나 각설탕을 아작아작 씹음으로써 입에서 빛을 낼 수 있을지도 몰라요!

레이저 빔 구부리기

레이저 포인터로 바닥이나 벽을 가리킬 때, 빛이 직선으로 이동하기 때문에 레이저 점이 정확히 어디에 나타날지 알 수 있어요. 그러면 모퉁이를 도는 레이저 빔 곡선도 만들 수 있을까요?

삑 삑! 안전 경고!

레이저 포인터는 안전하게 사용하지 않으면 시력에 영구 손상을 줄 수 있어요. 레이저 포인터를 사용할 때는 안전 요령을 읽고 따르면서, 어른에게 항상 감독을 부탁드리도록 해요.

* 레이저 포인터를 켜기 전에, 포인터가 가리키는 곳이 자신과 다른 사람에게서 떨어져 있는지 확인해요.
* 레이저를 사람이나 동물 또는 빛나거나 반사되는 표면에 직접 조준하거나 비추지 말아요.

트릭!

레이저 포인터나 레이저 고양이 장난감, 크고 투명한 플라스틱 병, 그릇이나 물통, 의자, 테이프, 그리고 날카로운 가위가 필요해요.

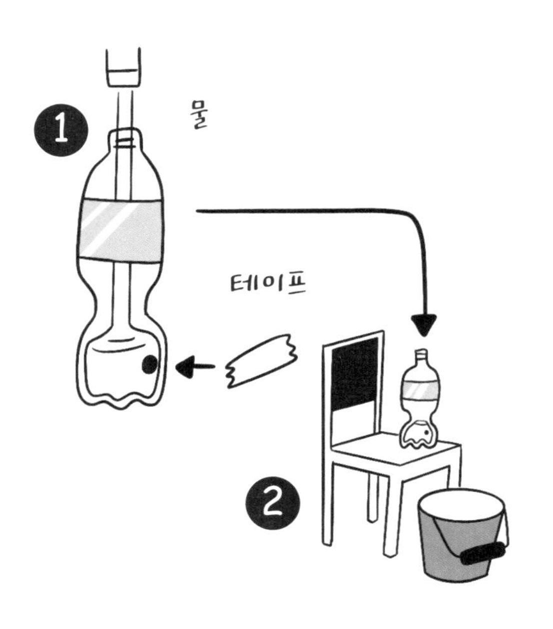

먼저, 어른에게 가위를 이용해 병 밑바닥에서 8센티미터 정도 떨어진 지점에 작은 구멍을 내 달라고 말씀드려요. 테이프로 구멍을 막고 병에 물을 채운 후 뚜껑을 나사로 고정해요.

물이 쏟아질 것을 대비해서 그릇이나 양동이를 바닥에 놓고 병을 의자 위에 세워요.

불을 끄고 레이저 포인터를 구멍의 맞은편 옆면을 통과하여 구멍을 가리켜요. 자, 이제 병 뚜껑과 테이프를 제거해볼까요.
물은 길고 구부러진 물줄기로 병 밖으로 흘러나와야 해요. 구멍을 통해 레이저 포인터를 조준하면 빛의 빔이 물의 흐름을 따라 아래로 굴러가게 됩니다. 만약 손을 물줄기 아래에 놓는다면, 손에 있는 레이저 빛이 보일 거예요!

어떻게 된 걸까요?

레이저 빔이 구멍을 통과하면 물줄기 안쪽에서 반사돼 방향을 바꿔요. 그것은 지그재그로 물줄기 안을 왔다갔다해요. 그래서 구부러질 때조차 물과 함께 운반되죠.

바로 이거예요!

광섬유 케이블도 이와 같이 작동하지만, 물 대신, 매우 얇고 유연한 유리관 안을 따라 빛이 반사돼요.

작은 친구들

우리의 손바닥에 올려놓을 만큼 작은 친구가 있다면 얼마나 멋질지 상상해봐요!
카메라의 도움으로 주머니 크기의 친구를 가진 듯한 착각을 일으킬 수 있어요.

트릭!

필요한 것은 카메라나 스마트폰 그리고 해변이나 스포츠 경기장 또는 학교 운동장처럼 넓고 평평하고 탁 트인 공간이에요. 공이나 물병이나 신발과 같은 일상용품도 필요하고요.
친구에게 멀리 떨어져 서달라고 부탁한 다음, 물건을 우리 가까이 있는 땅에 내려놓아요. 이제 땅 가까이로 내려가서 친구의 발이 물체의 꼭대기와 일직선이 되도록 맞추고요. 친구는 훨씬 더 멀리 떨어져 있고 작아 보일 거예요. 하지만 각도를 정확히 맞춘다면, 평범한 물체 옆에 작은 사람이 서 있는 것처럼 보이는 사진을 찍을 수 있어요!

어떻게 된 걸까요?

이것은 사물이 더 가깝거나 더 멀리 있을 때 어떻게 보이는가 하는 원근법에 관한 것이에요. 물체가 더 멀리 있을 때, 그 물체에서 나오는 빛은 우리 눈에 도달하기까지 더 멀리 이동해요. 그래서 빛이 눈에 들어올 때, 더 작은 각도를 이루면서 물체나 사람이 더 작아 보이도록 하지요.
물론, 우리는 그들이 갑자기 줄어들었다고 생각하지는 않아요. 왜냐하면 그들이 멀리 있다는 것을 알기 때문이죠. 하지만 사진으로는 작은 사람을 더 가까이 있어 보이게 하는 멋진 효과를 만들어낼 수 있어요.

바로 이거예요!

모든 종류의 재미있는 그림을 만드는 동일한 방법이 나왔네요.
거대한 로봇이나 용에게 쫓기는 친구는 어떨까요? 실제로는 장난감일 뿐이지만요! 혹시 다른 친구의 머리 위에 앉아 있는 모양은 어때요?

워터 플립

친구들에게 종이에 화살표를 그린 다음
종이를 만지거나 움직이지 않고도 방향을 바꿀 수 있다고 말해볼까요.

트릭!

곧고 수직적인 면이 있는 투명한 유리나 항아리가 필요해요. 작은 종이에 옆쪽으로 향하는 화살표를 그린 다음, 화살표가 안쪽을 향하도록 유리창 바깥쪽에 테이프로 붙여요. 친구들에게 유리를 통해 화살표를 보라고 해요. 그런 다음, 그들이 보고 있는 동안, 물잔이 가득 찰 때까지 물을 부어요. 짜잔!

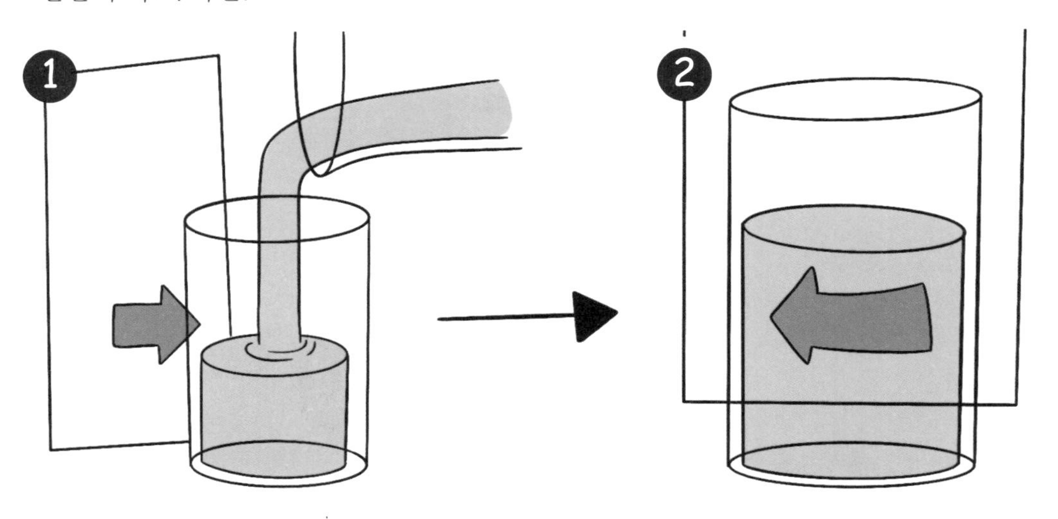

어떻게 된 걸까요?

유리를 통해 화살표를 보면 유리에서 나오는 빛이 조금 굴절돼요. 그런데 유리에 물을 첨가하면, 물은 훨씬 더 많은 광선을 굴절시키고 휘게 하여 빛들이 우리 눈에 닿기 전에 서로 교차하죠. 이렇게 하면 화살표가 뒤집히는 것처럼 보여서 반대 방향을 가리키게 된답니다!

소리 보기

자신이 노래할 때 어떤 모습인지 보고 싶은가요? 이것을 먹어봐요!

트릭!

우선 둥근 플라스틱 통과 화장지 심지가 필요해요. 심지의 끝부분을 통 측면에 대고 어른에게 구멍을 내달라고 한 다음 그곳에 심지를 끼워요. 통 윗부분에 랩을 펴고 고무줄로 고정해요. 그런 다음 계피 가루나 설탕 가루 같은 고운 가루를 랩 위에 뿌려요. 이제, 통을 가만히 잡고 심지에 대고 긴 음으로 노래를 불러요. 다른 음을 낼 때마다 가루들이 다른 패턴으로 배열될 거예요!

어떻게 된 걸까요?

소리는 사물이 진동할 때 발생해요. 노래를 부르기 위해 목구멍의 성대를 진동시키면 이것이 통 안의 공기와 랩을 진동하게 만들어요. 서로 다른 음이 다른 부분의 랩을 진동시켜 가루는 가장 적게 진동하는 곳으로 모인답니다.

생기 넘치는 음향 효과

뿌뿌우! 즈왑! 영화나 TV, 비디오 게임에 쓰이는 공상 과학 음향 효과를 어떻게 만드는지 궁금했던 적 있나요? 집에서 저차원의 기술 효과를 한 번 시도해봅시다!

트릭!

금속 스프링 장난감과 종이컵이 필요해요. 어른에게 부탁해 종이컵을 뒤집어 밑바닥에 가느다란 구멍을 내요. 금속 스프링의 한쪽 끝을 그 구멍에 꿰어 종이컵 밑면에 평평하게 놓고 강력 테이프로 제자리에 고정시켜요.

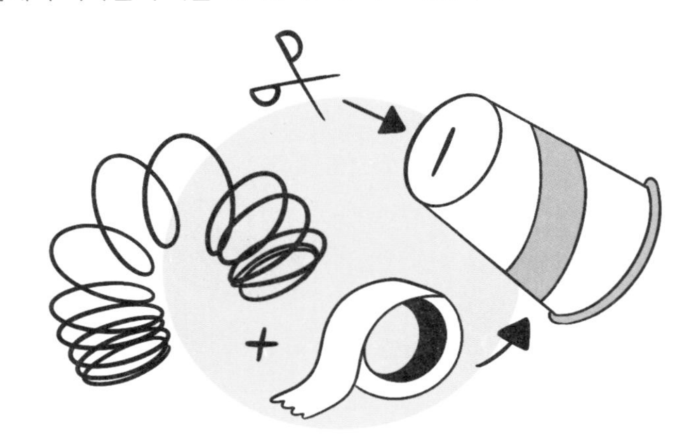

이제 종이컵을 귀에 대고 스프링을 흔들거나, 위아래로 튕기거나, 금속 숟가락으로 두드리기만 하면 돼요. 스프링이 만들어내는 우주시대의 소음에 깜짝 놀랄걸요!

어떻게 된 걸까요?

스프링이 움직일 때 진동하면서 소리를 내요. 보통은 잘 안 들리는데 스프링에 종이컵을 붙이면 종이컵도 진동하고 내부의 공기도 진동해요. 종이컵의 원뿔 모양은 진동을 귀 쪽으로 향하게 하여 훨씬 더 크게 들리게 한답니다. 그 소리가 이상한 이유는 스프링이 튕기고 늘어나는 동안 진동이 변하고 속도가 빨라지거나 느려지기 때문이에요.

바로 이거예요!

심지어 다른 종이컵을 스프링의 다른쪽 끝에 부착함으로써 공상 과학적인 음성 변조기를 만들 수도 있어요. 다른 사람이 말을 할 때 종이컵을 귀에 대봐요!

빨대 트롬본

트롬본이 없다고요? 걱정 말아요. 순식간에 악기를 만들 수 있거든요.
진짜 트롬본보다 약간 작지만요.

트릭!

플라스틱 빨대로 음악 소리를 낼 수 있어요. 우선, 빨대 끝을 평평하게 한 다음 그림과 같이 뾰족하게 잘라요. 뾰족한 끝부분을 입에 넣고, 뾰족한 끝에서 2센티미터 정도 떨어진 자리를 앞니로 부드럽게 깨물어요. 부드럽게 불어요, 그러면? 빠앙!

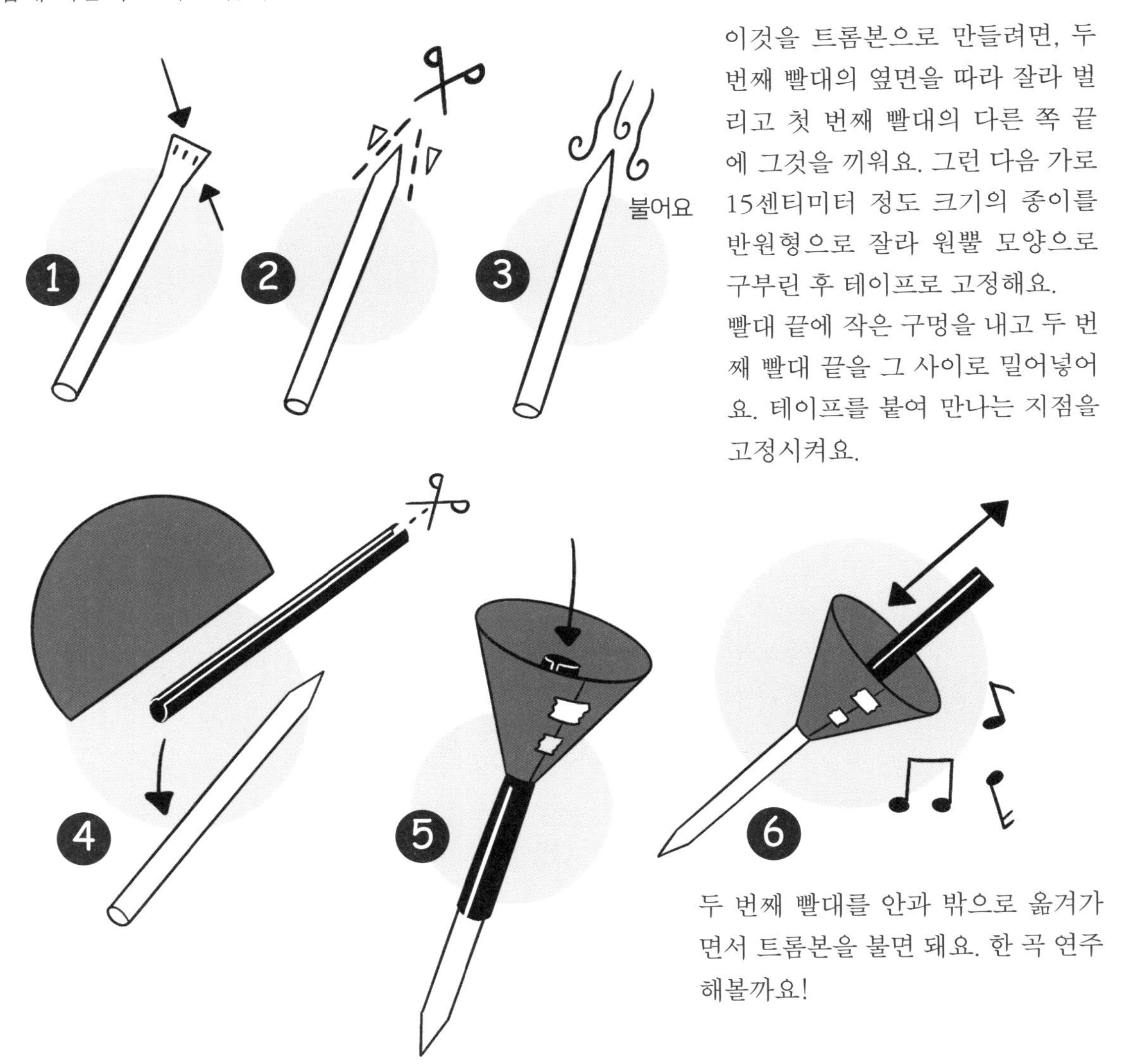

이것을 트롬본으로 만들려면, 두 번째 빨대의 옆면을 따라 잘라 벌리고 첫 번째 빨대의 다른 쪽 끝에 그것을 끼워요. 그런 다음 가로 15센티미터 정도 크기의 종이를 반원형으로 잘라 원뿔 모양으로 구부린 후 테이프로 고정해요.
빨대 끝에 작은 구멍을 내고 두 번째 빨대 끝을 그 사이로 밀어넣어요. 테이프를 붙여 만나는 지점을 고정시켜요.

두 번째 빨대를 안과 밖으로 옮겨가면서 트롬본을 불면 돼요. 한 곡 연주해볼까요!

어떻게 된 걸까요?

빨대에 바람을 넣으면 뾰족한 두 끝이 진동하며 서로 부딪치고 윙윙거려요. 이것은 튜브 안의 공기 또한 진동하게 만들어요. 튜브가 더 길면 더 천천히 진동하므로 음이 낮아져요.

바로 이거예요!

진짜 트롬본은 실제로 이렇게 작동하지 않아요. 트롬본으로 하면 입술이 진동해요. 하지만 오보에나 클라리넷과 같은 목관악기는 빨대와 똑같이 작동해요. 이들 목관악기는 빨대 끝과 같은 방식으로 진동하는 리드(진동판)를 가지고 있어요.

홈메이드 전화 스피커

음악을 연주하고 싶다면 또는 집에서 멋진 버전을 만들고 싶다면
전기 스피커에 전화기를 넣을 수 있어요. 배터리가 필요 없지요!

트릭!

긴 마분지통과 종이컵 두 개 그리고 스마트폰이나 태블릿이 필요해요. 전화기의 끝을 마분지통 가운데에 대고 그 주변 윤곽을 그려요.

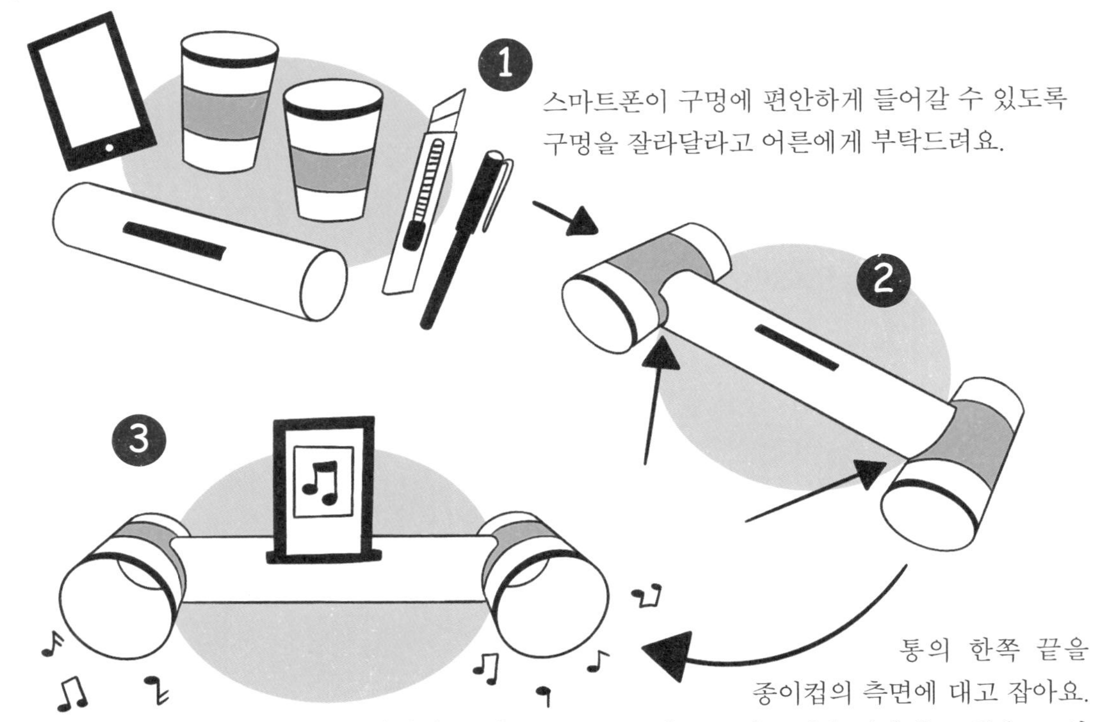

1 스마트폰이 구멍에 편안하게 들어갈 수 있도록 구멍을 잘라달라고 어른에게 부탁드려요.

2 통의 한쪽 끝을 종이컵의 측면에 대고 잡아요. 그 주위를 그려 구멍을 잘라내고, 통을 그 안에 끼워요. 두 번째 종이컵도 똑같이 반복해서 다른 쪽 끝에 놓아요.

3 이제 음악을 틀어요! 전화기의 스피커가 통에 꽂혀 있는 전화기의 끝에 오게 하고, 컵들이 우리 쪽을 가리키는지 확인해봐요. 디스코 타임!

어떻게 된 걸까요?

전화기의 작은 스피커에서 나오는 진동이 통과 종이컵으로 지나가면서 그 안의 공기를 통과해요. 그 컵들은 소리가 우리를 향해 한 방향으로 나오게 하죠. 그래서 음악이 더 크게 들려요.

바로 이거예요!

컴퓨터와 전기 스피커가 작동되기 훨씬 전에 사람들은 레코드로 음악을 듣거나 축음기로 감아 음악을 연주했어요. 소리는 커다란 뿔을 통해서 나왔죠.

휘어지는 물

물줄기를 직접 만지지 않고 옆으로 당길 수 있는 보이지 않는 마법의 힘이 무얼까요?
정답은 전기, 바로 정전기예요!

트릭!

빗처럼 작은 플라스틱 물건이 필요해요. 빗으로 머리카락을 위아래로 몇 초 동안 문질러봐요.

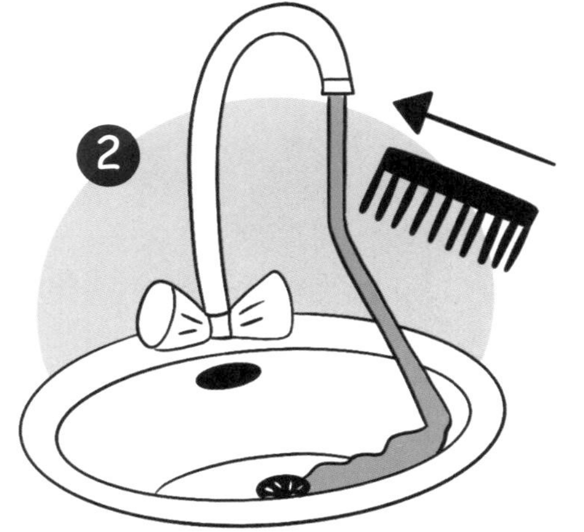

그런 다음 싱크대로 가서 수도꼭지를 틀어 곧고 좁은 물줄기를 흐르게 해요. 빗을 쥐고 직접 물에 닿게 하지는 말고, 물줄기의 한쪽에 대요. 물이 빗을 향해 휠 거예요.

어떻게 된 걸까요?

정전기는 물체에 축적되는 전하를 말해요. 그것은 전류와 같이 전선을 따라 흐르지 않고, 가만히 또는 '정지 상태'로 있어요. 정전기는 전기가 흐르도록 하는 데 서툰 플라스틱 같은 물질들에서 주로 발생해요.
우리가 플라스틱을 머리에 문지르면, '전자'라고 불리는 아주 작은 입자들이 머리카락과 빗에 옮겨가요. 이것은 빗에 여분의 전자가 있다는 것을 의미해요. 전자는 음전하 또는 마이너스(-)전하를 가지며, 물은 양전하 또는 플러스(+)전하를 가져요. 자석과 마찬가지로 반대쪽 전하를 끌어당겨 물이 빗 쪽으로 쏠리는 거예요.

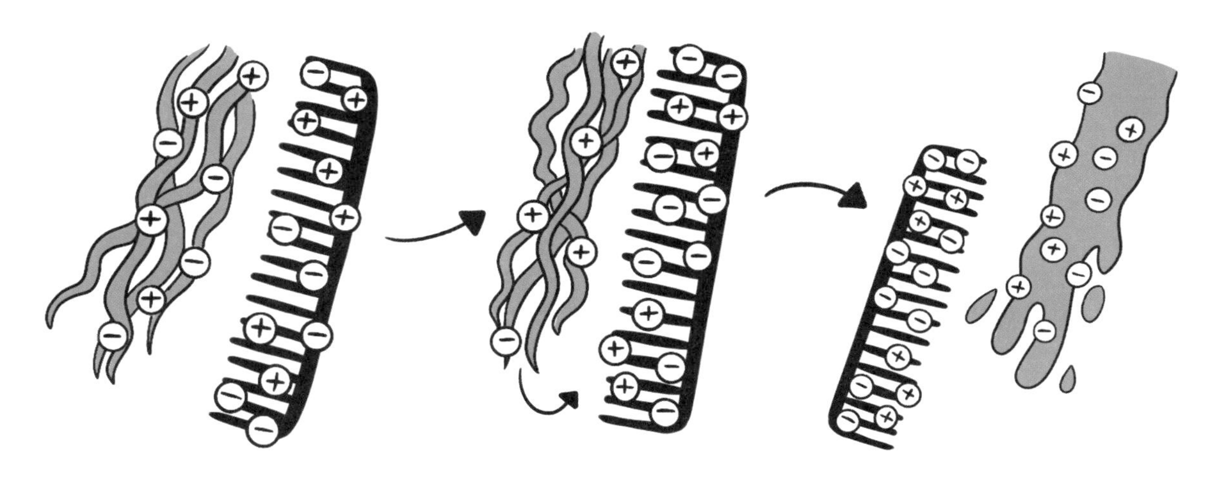

머리카락을 빗기 전에는,
머리카락과 빗에 같은 수의
양성자와 전자가 있어요.

머리카락을 빗는 동안,
전자는 머리카락에서
플라스틱 빗으로 이동해요.

이제 빗은 정전하를 갖게 되어
물과 같이 충전되지 않은 물질을
빗 쪽으로 당기게 돼요.

바로 이거예요!

고대 그리스의 과학자 탈레스가 고양이의 털에 호박(보석) 조각을 문지르다가 이 효과를 발견했어요. 그는 문질러진 호박이 씨앗과 같은 작은 물체들을 호박 쪽으로 끌어당긴다는 사실을 알게 되었어요.

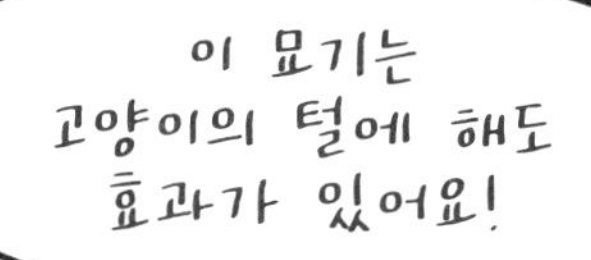

구르는 캔 경주

정전기의 힘은 빈 깡통을 저절로 굴러가게 만들 수도 있어요.

트릭!

이 묘기에는 부풀린 풍선과 깨끗하고 빈 음료수 캔이 필요해요. 풍선을 우리의 머리(대머리가 되어도 상관없다면!)나 양모 스웨터 또는 담요에 문질러서 정전기를 충전해요.

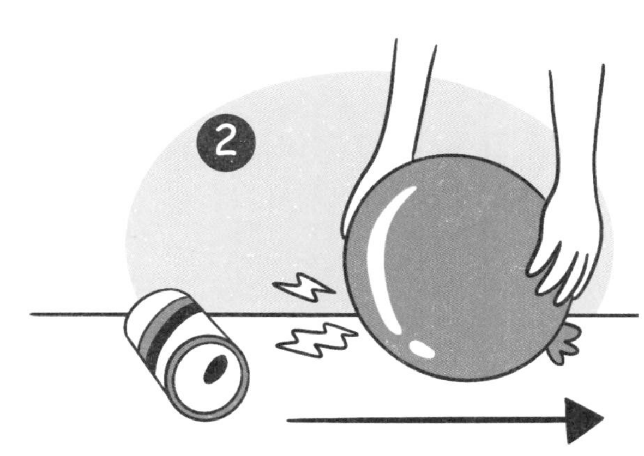

캔을 테이블 위나 평평하고 매끄러운 바닥에 옆으로 눕히고 그 근처에서 풍선을 잡아요. 캔은 풍선을 향해 굴러갈 거예요. 풍선을 캔과 닿지 않게 하면서 계속 움직이면, 캔은 계속 굴러갈 거예요. 얼마나 빨리 굴러가게 할 수 있나요?

경주를 하기 전에, 각자에게 자신만의 풍선과 캔을 주고 출발선과 결승선을 설정해요. 누구의 캔이 먼저 결승선을 통과할까요? 셋, 둘, 하나, 시작!

어떻게 된 걸까요?

휘어지는 물 트릭에서처럼, 풍선을 문지르면 풍선에 여분의 전자들과 음전하를 발생시켜요. 이로 인해 양전하를 가진 캔의 입자들을 끌어당기게 되죠. 캔은 매우 가볍고, 굴러가는 데 힘이 많이 들지 않아 상당히 빨리 굴러가도록 할 수 있답니다.

바로 이거예요!

풍선을 머리에 문지르면 풍선이 머리카락을 끌어당겨 위로 올라오게 한다는 사실도 알게 될 거예요. 풍선이 머리카락에서 여분의 전자를 얻을 때, 우리 머리카락은 전자를 잃어요. 풍선은 음전하를 띠고 머리카락은 양전하를 띠기 때문에 서로 끌어당기게 돼요.

공중부양 시리얼

공중부양실을 만들어, 우리의 시리얼이 공중으로 튀어 오르는 것을 보아요!

트릭!

구이판과 같은 얇은 금속 쟁반, 주방용 포일, 화장지 심지 그리고 플라스틱 식품 저장 용기에 딸려 나오는 크고 투명한 플라스틱 뚜껑이 필요해요. 튀긴 쌀과 같은 약간의 튀긴 곡류도 필요하고요.

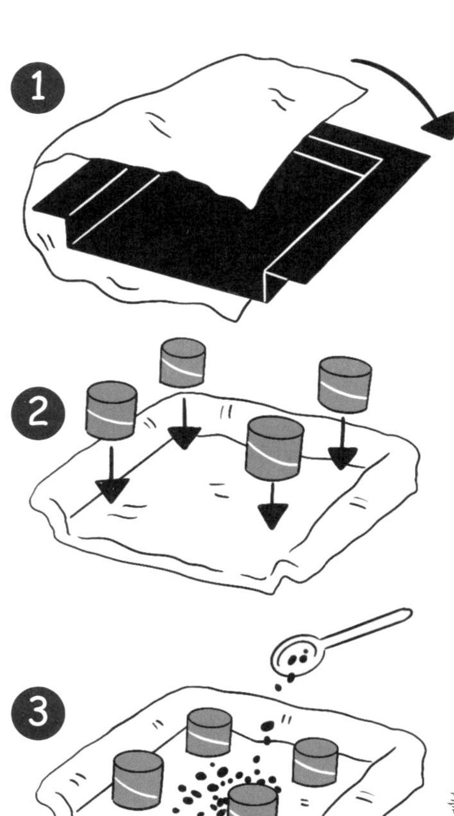

우선, 포일을 쟁반에 깔아요. 쟁반의 바닥 전체와 옆면 그리고 테두리에 한 층 깔고 아래로 눌러줘요.
다음으로, 화장지 심지를 쟁반 밖으로 약간 튀어나올 정도로 충분히 크게 네 조각 잘라줘요. 그것들을 쟁반 모서리에 세워요.
이제 쟁반 가운데에 시리얼을 뿌려요.

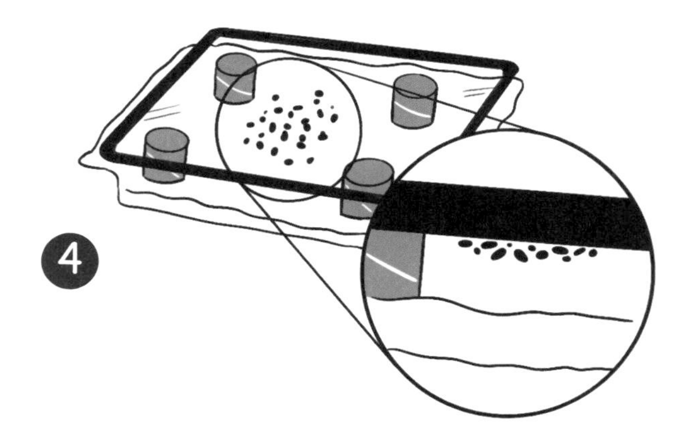

플라스틱 뚜껑을 우리 머리카락이나 양모 스웨터에 30초 정도 문질러요. 정전기를 얻어야 하니까요. 포일에 닿지 않도록 네 개의 화장지 심지 위에 뚜껑을 조심스럽게 내려놓아요. 시리얼이 튀어 올라 뚜껑 아래 매달려 있을 거예요!

어떻게 된 걸까요?

뚜껑은 전자를 얻고 음전하를 띠며, 이것은 시리얼의 양전하 입자를 끌어당겨요. 시리얼은 위로 튀어 올라 뚜껑에 매달려 있어요. 하지만 그것 역시 뚜껑으로부터 전하를 모으고 있어요. 그래서 어떤 조각들은 위아래로 펄쩍 뛸 수도 있고, 심지어 공중에 잠깐 동안 매달려 있을 수도 있어요!

생각해봐요!

만약 우리가 뚜껑의 윗부분을 만진다면, 우리 손가락은 시리얼을 춤추게 하고 이리저리 움직이도록 할 거예요. 왜 이런 일이 일어날까요?

작은 번개

번개는 건물들을 파괴하고 숲에 불을 지르고 심지어 감전으로 사람들을 다치게 할 수 있는, 하늘로부터의 강력한 에너지 분출이죠. 그런데 그것이 정전기의 일종이라는 사실, 알고 있었나요?

트릭!

풍선과 숟가락 그리고 어두운 방으로 우리만의 작은 (그리고 훨씬 안전한) 번개를 만들 수 있어요.

풍선을 불어서 묶은 다음 30초 동안 스웨터나 담요에 문질러서 정적인 변화를 만들어내요.

풍선을 한 손에 들고 다른 한 손에는 금속 스푼을 잡아요. 이때 둘을 절대 닿게 하면 안 돼요. 어두운 방으로 들어가 숟가락과 풍선을 거의 닿을 때까지 천천히 함께 움직여요. 작은 번개가 그 틈을 뛰어넘는 것과 같은 스파크를 보게 될 거예요.

어떻게 된 걸까요?

전자가 전기를 잘 전도하지 않는 물체에 모이면, 전자는 한곳에 축적되어 전하를 생성해요. 만약 물체가 전기를 잘 전도하는 물질에 닿으면, 여분의 전자가 그 물질로 흘러 들어가 퍼져 나갈 수 있어요.

충분히 강한 전하가 있다면 전자는 실제로 공기를 통해 흐를 수 있고 틈새를 건너뛸 수도 있어요. 전자들이 흐르면서 공기를 가열하고, 우리가 볼 수 있는 스파크를 만들죠.

바로 이거예요!

번개는 구름과 땅 사이에 거대한 스파크가 튀어 오를 때까지 구름이 하늘에서 움직이면서 전하를 형성할 때 발생해요. 만약 땅 위에 나무, 탑, 사람과 같은 물체가 있다면, 전자가 그것을 통해 흐르기도 해요. 이것을 '번개에 맞았다'고 하지요. 그러니 천둥 번개가 치는 동안 언덕 위에 서 있으면 안 돼요!

날아다니는 고리

주의합시다. 이 정적인 트릭은 까다로워요!
그러니 친구들을 놀래키려고 사용하기 전에, 먼저 연습해야 해요.

트릭!

먼저, 작은 비닐 봉지 가운데를 끈으로 잘라내요. 봉지 가운데를 가로질러 자르면 얇은 플라스틱 고리가 나와요. 그것을 평평한 바닥에 놓고 수건이나 양모 스웨터로 30초 정도 문질러 정전기를 충전해요.

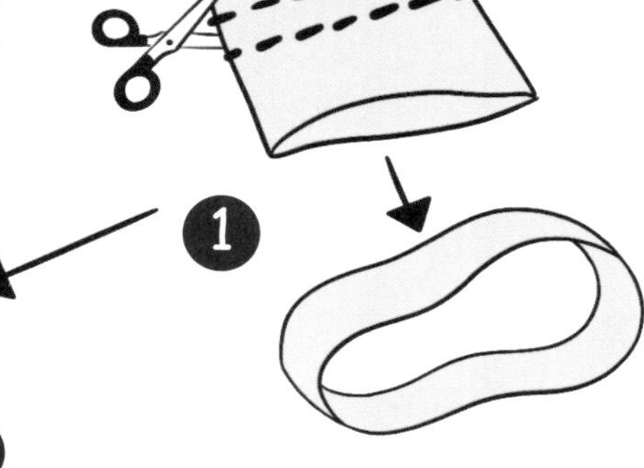

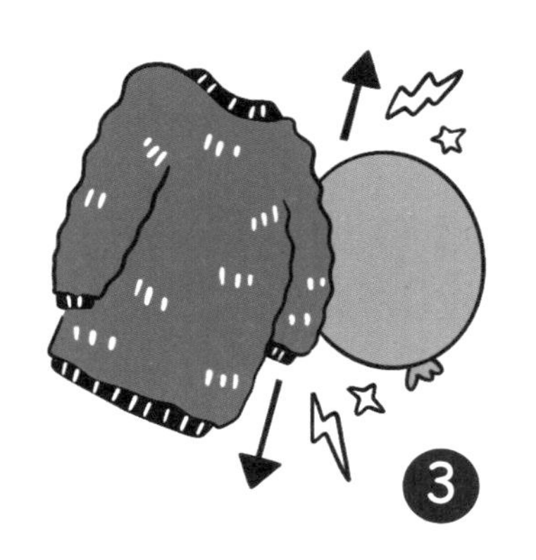

이제 부풀린 풍선을 수건이나 스웨터 또는 머리에 문지르면서 정전기 충전을 해요. 한 손으로 풍선을 잡고, 다른 한 손으로는 고리를 공기 중으로 던져요. 물론 이것은 쉽지 않아요. 왜냐하면 고리가 자꾸 손에 달라붙으려고 할 거거든요.

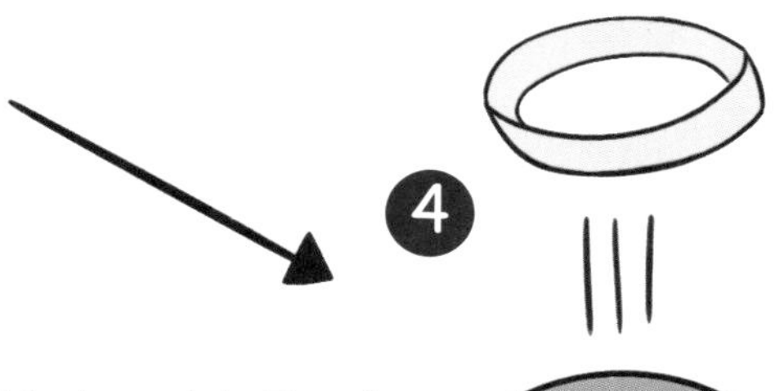

우리가 고리를 풍선 위 공중에 띄우면, 그것은 둥그렇게 펴져야 하고, 풍선은 고리에 닿지 않고 그것을 아래에서 위로 밀어 올려야 해요. 그런데 고리는 공기 중에 얼마나 오래 머물 수 있을까요?

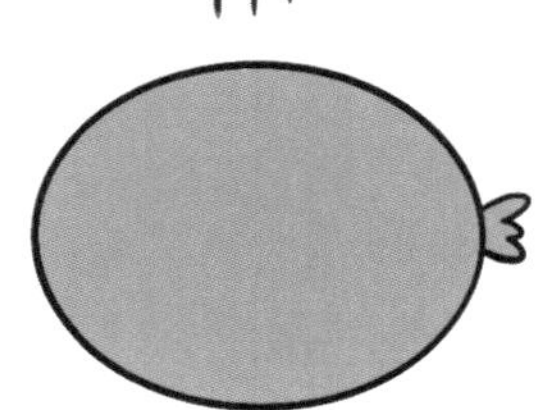

어떻게 된 걸까요?

이 트릭에서, 우리는 풍선과 플라스틱 고리를 여분의 전자로 충전하고, 그들에게 둘 다 음전하를 줘요. 일치하는 전하는 서로를 밀어내거나 '거부'하므로 풍선은 고리를 밀어내죠. 그리고 고리에 있는 플라스틱 또한 스스로 밀어내며 고리로 퍼져나가게 해요.

뒤집힌 중력

종이 클립을 끈에 묶고, 끈을 잡으면 종이 클립이 아래로 드리워지죠, 그렇죠?
하지만 우리는 강한 자석의 도움으로 중력에 저항해 위로 매달리게 할 수 있어요.

트릭!

우선 뚜껑이 없는 중간 크기의 판지 상자가 필요해요. 예를 들면 뚜껑 없는 신발 상자 같은 거요.

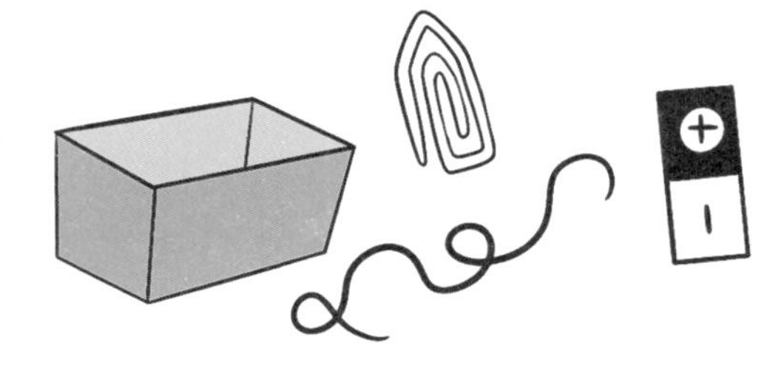

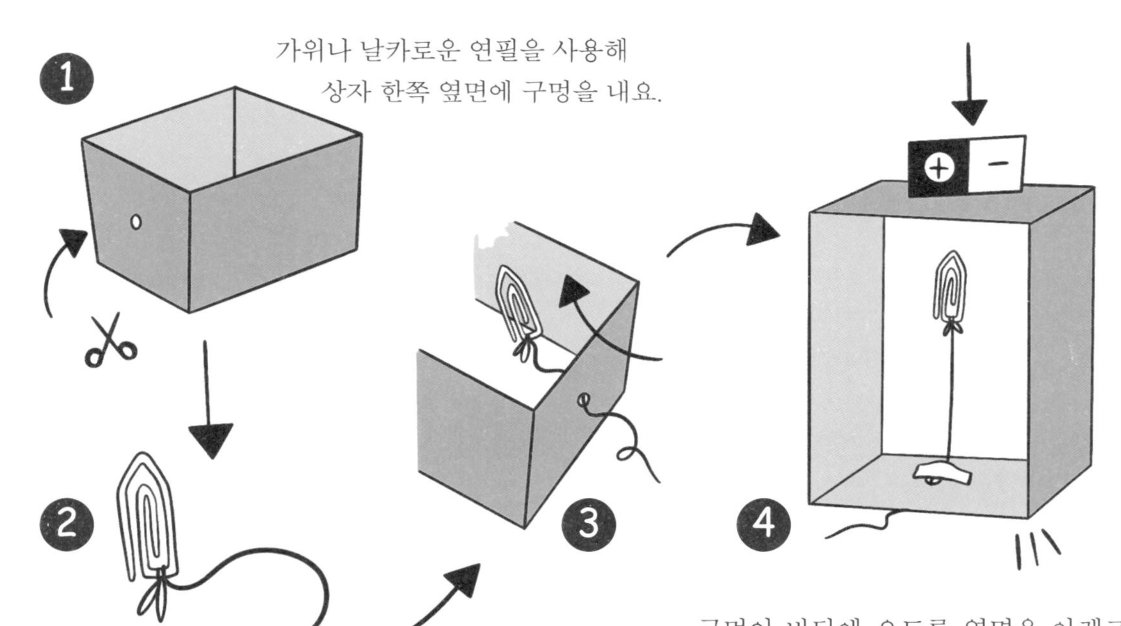

1. 가위나 날카로운 연필을 사용해 상자 한쪽 옆면에 구멍을 내요.

2. 가는 끈의 한쪽 끝에 금속 종이 클립을 묶어요.

3. 종이 클립이 상자 안에 들어가도록 끈의 다른 쪽 끝을 구멍에 꿰어요.

4. 구멍이 바닥에 오도록 옆면을 아래로 해서 상자를 세워요. 구멍 위쪽의 상자 윗면에 강한 자석을 놓고요. 종이 클립이 상자 위쪽에 가까워질 때까지 끈을 당기면 자석이 위로 당겨져요. 길이가 맞으면 끈의 다른 끝을 테이프로 고정해 움직이지 못하게 해줍니다. 종이 클립이 위에서 달랑달랑 매달려 있군요!

어떻게 된 걸까요?

무엇이 자석을 작동하게 할까요? 원자 사이의 힘, 물질을 구성하는 작은 단위와 관련이 있어요. 대부분의 물질에서, 이러한 힘들은 모든 방향을 가리켜요. 자석 안에 있는 힘들은 모두 같은 방향으로 당기죠. 이것은 종이 클립과 같은 다른 물체를 잡아당길 수 있는 큰 힘을 만들게 돼요.

이 원리는 금속 철, 강철(대부분 철로 만들어짐) 및 니켈을 포함한 몇 가지 재료에서만 작동해요. 그래서 이 트릭은 오직 금속 종이 클립으로만 효과가 있을 거예요.

생각해봐요!

이제 종이 클립에 대해 몇 가지 테스트를 해볼까요. 종이 클립이 자석의 당김에서 빠져나오기 전에, 종이 클립을 얼마나 멀리 또는 얼마나 세게 밀거나 끈을 잡아당겨야 할까요? 자석을 움직이면 어떻게 될까요? 종이 클립 대신 고무줄을 사용하면 어떻게 될까요?

북쪽은 어느 쪽인가요?

2천 년 전에, 고대 중국인들은 놀라운 것을 발견했어요. 자연적으로 자성이 있는 바위인 자철석을 자유롭게 매달아두면, 그것은 스스로 방향을 돌려 반대쪽 양끝이 북쪽과 남쪽을 가리킨다는 사실이었어요.

트릭!

먼저, 바느질용 바늘과 자석을 가져와요. 바늘을 잡고 자석을 따라 한 방향으로만 50번 정도 문질러요. 이렇게 하면 바늘이 자성을 띠거나 자석이 될 거예요.

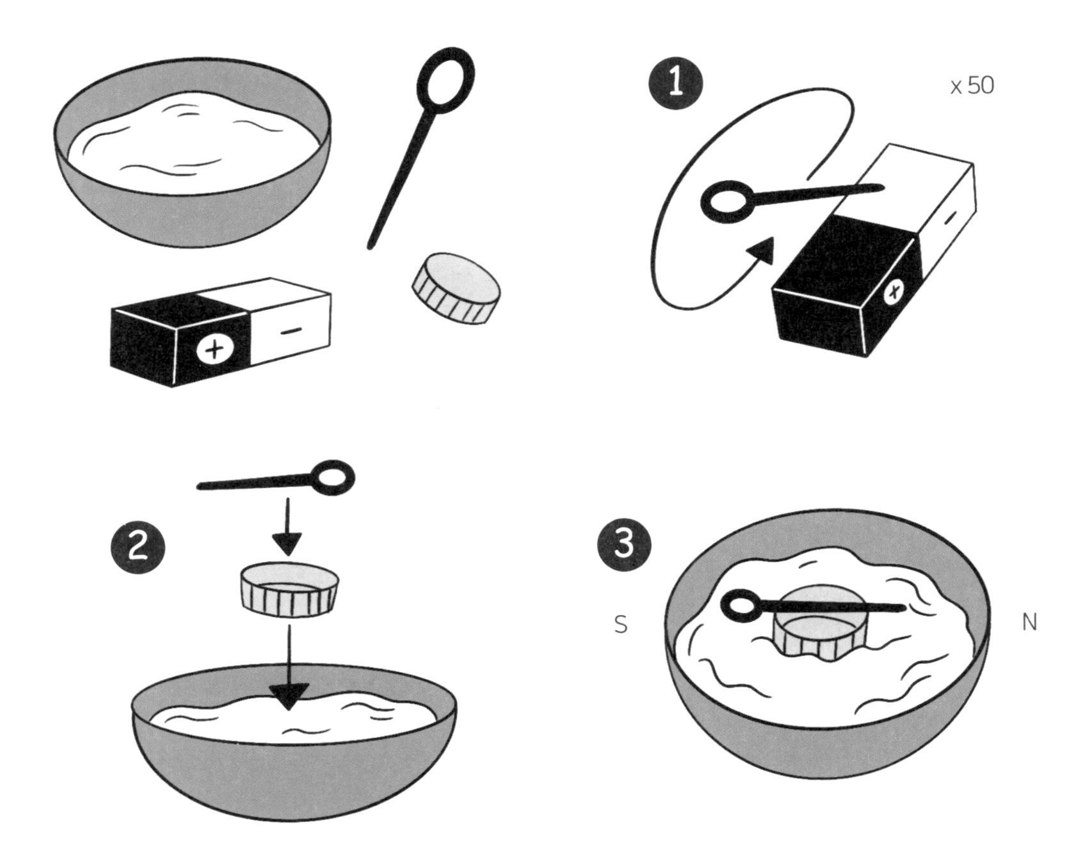

그런 다음, 얕고 넓은 그릇에 물을 채우고 작은 플라스틱 뚜껑이나 발포 고무 조각을 작은 배처럼 물 위에 띄워요. 자성을 띠는 바늘을 조심스럽게 가운데에 걸쳐놓아요. 물이 잠잠해질 때까지 기다리다 보면 바늘의 양끝이 북쪽과 남쪽을 향할 거예요.

어떻게 된 걸까요?

자석과 자성을 띠는 물체들은 그들이 할 수만 있다면 항상 북쪽과 남쪽으로 줄지어 있을 거예요. 그것은 바로 지구가 자석이기 때문이죠!
녹은 암석과 금속이 지구 내부에서 소용돌이치는 방식은 지구를 하나의 거대한 자석으로 만들어요. 자석은 북극과 남극으로 알려진 두 개의 끝을 가지고 있고요. 친숙한 이야기죠? 지구의 북극과 남극은 자석의 반대쪽 끝을 끌어당겨요.
나침반은 자침이 있고 나침반 점으로 표시되어 있어요. 바늘이 가리키는 방향을 따라 북쪽을 향해 서보면 우리는 모든 방향이 어느 방향인지를 알 수 있어요.

바로 이거예요!

중국인들은 자신들이 발견한 것을 항해에 이용하지 않고, 집을 어디에 지을 것인지 계획할 때 활용했어요. 하지만 결국 사람들은 자석이 바다에서 항해하는 데 사용될 수 있다는 사실을 깨닫고 휴대용 나침반을 만들었지요.

자석 그림

마술로 그린 것 같은, 그런 그림을 보고 싶은가요?
이 트릭은 자석을 이용해서 하는 거예요.

트릭!

자석 또는 쉽게 휘지 않는 두껍거나 무거운 백지가 필요해요. 금속 종이 클립 또는 단추나 안전핀과 같은 다른 작은 금속 물체를 사용해도 좋아요(물체가 자석에 달라붙는지 우선 확인하고요). 그것을 종이 위에 놓아요.

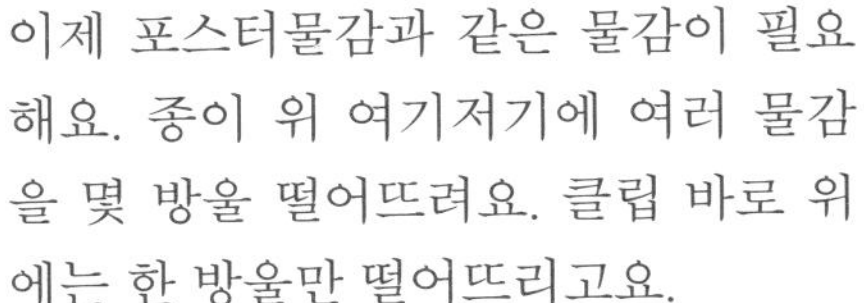

이제 포스터물감과 같은 물감이 필요해요. 종이 위 여기저기에 여러 물감을 몇 방울 떨어뜨려요. 클립 바로 위에는 한 방울만 떨어뜨리고요.

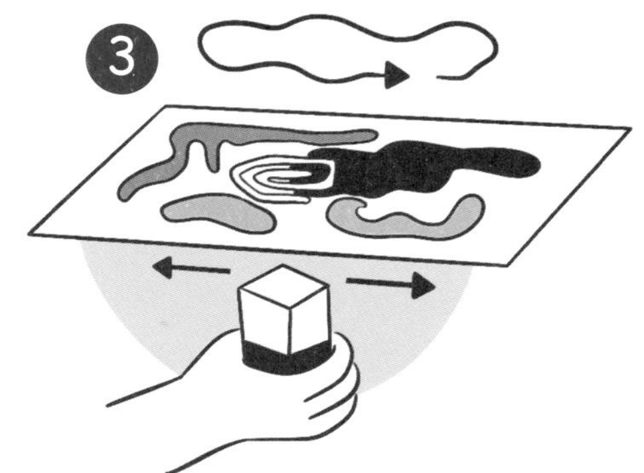

클립이 놓인 종이의 바로 아래에 강력한 자석을 대요. 이제 자석을 이리저리 움직여봐요. 자석은 클립을 움직이게 하고, 클립은 물감을 끌면서 색을 칠할 거예요. 종이 클립을 다른 물감 방울들 사이로 움직이면서 여러 다른 색을 섞어 자신만의 자석 그림을 그려보아요!

어떻게 된 걸까요?

자석은 금속 물체를 잡아당길 수 있어요. 비록 이 실험에서처럼 두껍거나 무거운 종이 같은 다른 물질이 중간에 있더라도 말이죠.

그렇지만 중간에 놓인 물질이 너무 두껍지 않고 자석이나 자석 같은 금속이 아닐 때만 효과가 있어요. 직물, 종이, 크래커, 심지어 손까지, 자석이 통과할 수 있는 것들에는 또 무엇이 있을까요?

자기부상

스타일이 같은 두 개의 자석을 어떤 방식으로 잡느냐에 따라
둘이 서로 끌고 잡아당기거나 또는 밀어내는 것을 보게 될 거예요.
자기부상을 만들기 위해 척력(밀어내는 힘)을 사용할 수 있지요!

트릭!

이 트릭은 고리 모양의 자석 두 개로 해보는 게 가장 효과적이에요. 자석을 함께 잡고 뒤집어보아 어느 쪽이 서로 밀어내거나 잡아당기는지 알아내요. 두 자석을 모두 연필 위에 놓고, 그들이 서로 밀어내는 면을 마주하고 있도록 해요.
아래 자석을 그대로 잡은 채, 연필을 들어요. 위쪽의 자석이 아래 자석 위에서 떠 있거나 공중부양을 할 거예요. 위의 자석을 아래로 누르려고 하면, 다시 위쪽으로 가려고 들썩들썩할 거고요!

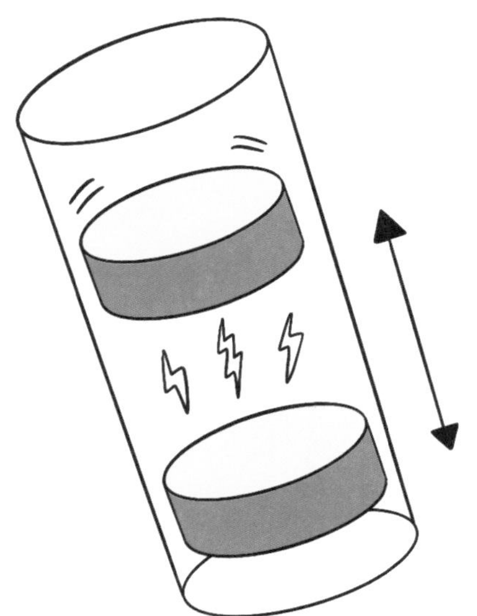

고리 모양의 자석이 없다면, 원반 모양의 자석으로도 효과가 있어요. 그것들이 안에 들어갈 만한 투명한 튜브가 있으면 돼요. 두 자석이 뒤집히지 않고 자유롭게 위아래로 움직일 수 있는 정도의 튜브면 돼요.

어떻게 된 걸까요?

자석은 남북으로 알려진 두 개의 극 또는 끝을 가지고 있어요. 정전기와 마찬가지로 반대편을 끌어당기죠. 그래서 고리나 원반 자석의 북극 또는 북쪽 면은 다른 자석의 남극 또는 남쪽 면을 끌어당겨요. 만약 두 개의 남극이나 두 개의 북극을 합친다면, 그들은 서로 거부하거나 밀어낼 거예요.

바로 이거예요!

마그레브(자기부상) 열차는 자기부상(이름에 단서가 있어요!)을 사용해요. 자기저항은 열차가 선로 위를 떠다니게 하기 때문에 쉽게 탈선할 수 있어요.

자석 체인

우리가 알고 있듯이, 금속 종이 클립은 자석에 붙을 거예요.
그런데 그것이 클립을 연결한 전체 체인으로 자성을 전달할 수 있다는 사실, 알고 있었나요?

트릭!

자석이랑 금속 종이 클립 여러 개가 필요해요. 자석을 들어올린 다음, 근처에 금속 종이 클립을 하나 놓으면 자석에 달라붙을 거예요. 이제 첫 번째 클립 아래쪽 바닥에 다른 클립을 하나 더 놓아요. 그것도 잘 들러붙겠죠!

종이 클립을 계속 더 추가해요. 비록 첫 번째 클립만 자석에 닿아 있어도 그것들은 모두 사슬을 이루며 매달려 있을 거예요.

3 이제 자석에서 맨 위의 클립을 떼어내요. 와우, 무슨 일이 일어난 거죠?

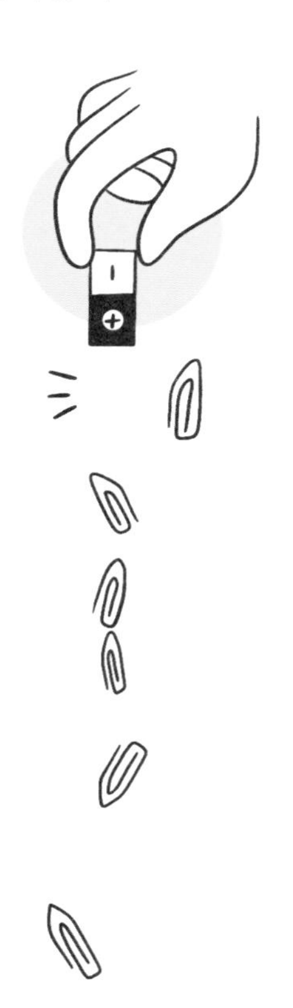

어떻게 된 걸까요?

자석이 금속 물체를 끌어당길 때, 자석은 물체 안에 있는 원자들을 잡아당기는 거예요. 그래서 그들은 모두 같은 방향을 가리키죠. 이것은 그 물체마저도 자석으로 만들어요. 그 자력은 사슬을 이루고 있는 각 종이 클립에 전달된답니다.

자석 쇼

마법의 자석 무대에서 친구들을 위한 쇼를 시작해요!

트릭!

작은 장난감 모형들과 동물들의 발이나 밑면에 금속 종이 클립을 접착제나 테이프로 붙여요. 가장 아끼는 장난감들을 사용하진 말고요!
그것들을 명함 용지 같은 단단하고 매끄러운 카드로 만들어진 '무대'에 놓고 그 아래에서 자석을 움직여 캐릭터들을 살아나게 해요!
판지 상자로 무대 주위에 벽을 둘러 완전한 모형 놀이방을 만들어요. 그리고 자석을 뒤에서 들여올 수 있도록 아래에 공간을 만들어요. 긴 막대기에 자석을 감아보아요.
캐릭터를 점프하거나 넘어뜨리기 위해 자기저항을 사용할 수 있나요?

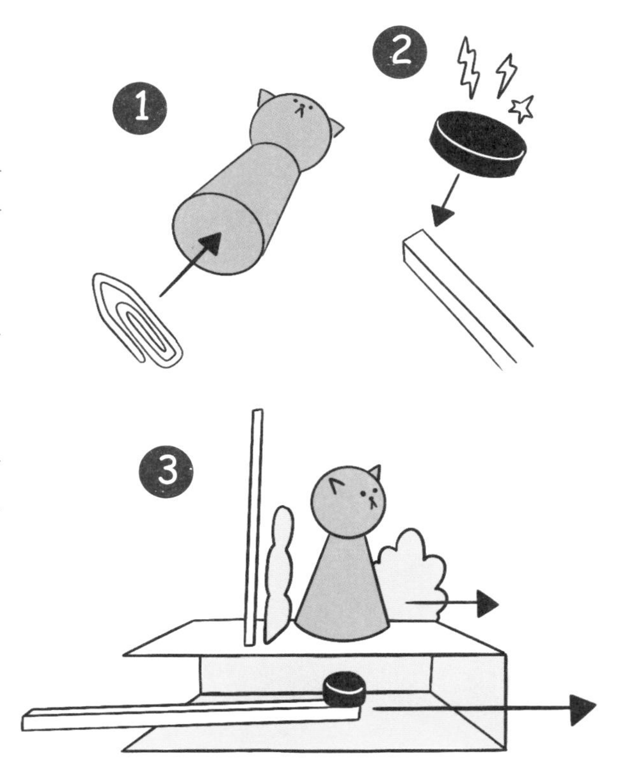

어떻게 된 걸까요?

이와 같은 자석 무대에서는 사물을 움직이게 하려고 자석을 사용해요. 자석은 장난감에서 이런 식으로 자주 사용돼요. 자석은 또한 수백 가지의 다른 일상 용도로도 쓰일 수 있어요. 생각나는 예가 있나요?

아래로 내리기

친구들의 뇌를 속여서 이상하고 불가능한 감각을 느끼게 해요.
아니면 우리에게 그렇게 해달라고 친구들에게 부탁하거나요!

트릭!

우리가 트릭을 선보일 사람은 바닥에 엎드려 팔을 앞으로 뻗고 있어야 해요. 긴장을 풀고 눈을 감으라고 해요. 이제 그들의 손을 잡고, 두 팔과 머리, 상체를 바닥에서 들어올려요. (만약 이렇게 해줄 사람이 둘이라면 두 사람이 한 팔씩 잡고 들어올리는 것이 더 쉬워요.)

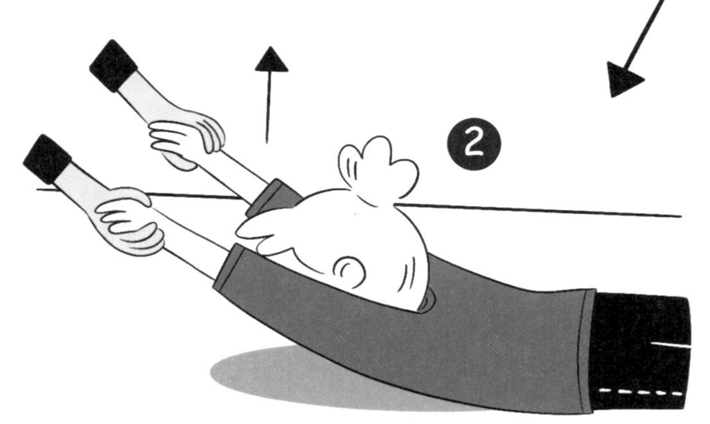

양팔을 1분 정도 위로 잡고 있다가 다시 아래로 천천히 내려요. 양팔이 낮게 내려갈수록, 그 사람은 양팔이 바닥으로 떨어지는 것처럼 느낄 거예요!

어떻게 된 걸까요?

우리의 뇌는 '자기수용'이라는 특별한 감각 덕분에 우리의 몸이 어디에 있는지 알고 있어요. 온몸의 감지기들이 뇌에 신호를 보내어 우리가 있는 위치를 알려줘요. 우리의 팔이 들어올려질 때, 우리의 뇌는 그런 일이 일어나는 것을 감지해요. 하지만 잠시 그대로 유지하면, 뇌는 신호를 알아차리는 것을 멈춰요. 그런 다음 우리가 다시 아래로 움직이면, 뇌는 우리가 실제보다 더 아래로 내려가는 것처럼 느껴요. 우리의 뇌는 바닥이 거기에 있다는 것을 알기에, 우리가 그것을 통과해야 한다고 결정해요!

바로 이거예요!

우리의 뇌가 상황을 항상 제대로 파악하는 것은 아니에요. 모든 감각으로부터 너무 많은 정보가 보내지기 때문에 뇌가 다룰 수 있는 것과 다뤄야 하는 것이 엄청 많거든요. 그 대신, 뇌는 이전의 경험에 근거한 추측과 가정을 만들어요. 그래서 때로는 틀리기도 한답니다.

사물 보기

실제로 존재하지 않는 것들을 보고 있다고 느낀 적이 있나요?
글쎄, 아마 느낀 적이 있었을 거예요. 하지만 그건 우리의 눈이 장난을 치는 것에 불과해요!

트릭!

이 트릭을 위해서, 우리는 오른쪽에 있는 그림을 쳐다보기만 하면 돼요. 전혀 눈을 움직이지 말고 1분 동안 말이죠. 우리의 눈을 정확하게 같은 위치에 있도록 하기 위해서, 어린 소녀의 코에 집중해요. 60초가 지나면 다음 페이지 상단에 있는 빈 공간을 빠르게 살펴요. 무엇이 보이나요?

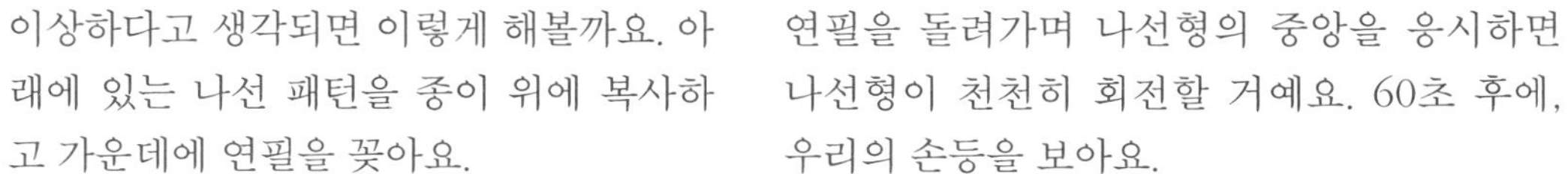

이상하다고 생각되면 이렇게 해볼까요. 아래에 있는 나선 패턴을 종이 위에 복사하고 가운데에 연필을 꽂아요.

연필을 돌려가며 나선형의 중앙을 응시하면 나선형이 천천히 회전할 거예요. 60초 후에, 우리의 손등을 보아요.

어떻게 된 걸까요?

이러한 효과를 잔상이라고 해요.
우리가 어떤 것을 볼 때, 물체에서 나오는 빛이 우리의 눈에 들어오고, 안구 뒤쪽에 있는 빛을 감지하는 세포를 작동시켜요. 만약 우리가 같은 것을 오랫동안 계속 본다면, 세포들은 특정한 음영이나 패턴에 의해 촉발되는 것에 익숙해져서 덜 민감해져요.
그런 다음 빈 종이를 보면, 우리의 안구는 아주 잠깐이지만 전에 보았던 것과 반대되는 것을 봐요. 그래서 흑백 이미지의 색이 바뀐 것을 볼 수 있답니다.
나선형을 회전시키는 방식에 따라, 돌릴 때 나선형이 커지거나 축소되어 나타나요. 안구가 이것에 익숙해진 다음 우리가 손을 볼 때, 실제로 아무것도 움직이지 않았는데도 뇌는 정반대의 일이 일어나는 것을 볼 수 있다고 생각해요!

미각

음식을 구별하는 것이 쉬울까요? 아마 깜짝 놀랄지도 몰라요!

트릭!

사과, 당근, 양배추처럼 비슷한 식감을 가진 세 가지 음식이 필요해요. 그것들을 따로 분리해서, 과일과 채소를 잘게 썬 다음 각각의 그릇에 담아요.

미각 테스트를 받을 사람은 준비된 음식을 보면 안 돼요. 그들을 테이블에 앉히고 눈가리개를 씌운 다음 숟가락 하나와 세 개의 그릇을 내놓아요. 그들에게 코를 막고 세 가지 음식을 맛보고 어느 음식이 어떤 것인지 말하라고 해봐요. 그들이 할 수 있을까요?

어떻게 된 걸까요?

대부분의 사람은 실제로 이것을 맞힐 확률이 몹시 낮아요! 왜냐하면 사물을 감지할 때, 보통 한 가지 감각만을 사용하지는 않기 때문이죠. 우리가 경험하고 있는 것을 여러 감각이 동시에 지지하면서 무슨 일이 일어나는지를 알아차리도록 도와준답니다.

특히 미각에서는 더욱 그러해요. 음식을 먹을 때, 우리는 맛봉오리(미뢰)뿐 아니라 음식에 있는 화학 물질을 감지하기 위해 코를 사용해요. 우리에게 코가 없다면, 많은 음식이 거의 같은 맛으로 느껴질 거예요.

바로 이거예요!

빵이나 파스타와 같은 친숙한 음식이 파란색으로 염색되면, 정확히 같은 맛일지라도 먹고 싶지 않을 수도 있어요. 뇌는 그것이 올바르지 않다고 판단해서 우리가 '싫어요!'라고 생각하게 만들어요.

기억력 천재

친구나 가족에게 이 기억력 테스트에 도전하라고 해볼까요.
하지만 우리의 비결을 그들에게 말하지는 말아요!

트릭!

우선, 이 그림에서처럼 10개의 작고 일상적인 생활용품을 수집해요. 그것들을 쟁반에 놓고 천으로 덮어요.

테스트하려는 사람들에게 연필과 종이 한 장씩을 줘요. 그들은 30초 동안 10개의 물체를 보고 나서 가능한 한 많은 것을 기억하려고 노력해야 해요.

그들이 준비되었으면 물건들을 드러내어 보여준 다음 30초 후에 다시 덮어요. 일단 물건들이 가려지면, 사람들은 자신이 기억하는 물체의 이름들을 적기 시작할 수 있어요.

자, 결과가 어땠나요? 대부분의 사람은 이 게임이 쉽지는 않다고 생각해요!

어떻게 된 걸까요?

뇌는 수천수만 개의 것을 기억하고 있는데 왜 10개의 간단한 것들을 기억하기는 어려울까요? 그 이유는 우리에게 두 가지 종류의 기억이 있기 때문이에요. 단기기억과 장기기억은 한 번에 많은 정보를 담을 수 없고, 우리에게 중요한 것이 아니라면 사소한 세부 사항들을 금방 잊어버려요. 중요한 것들 그리고 우리가 계속해서 경험하는 것들은 장기기억으로 옮겨진답니다.

그러나 이 테스트를 더 잘 치를 수 있도록 돕는 요령이 있어요. 우리가 본 여러 사물을 모두 포함하는 작은 이야기를 빨리 지어내는 거예요. 서로 연결되어 있고 의미가 있는 것들을 기억하는 편이 훨씬 더 쉽거든요. 우리가 머릿속으로 그 이야기를 다시 떠올릴 때, 그 안에 포함된 사물들이 쉽게 기억날 거예요.

예를 들어볼게요.

테디는 햇빛을(**선글라스**) 받으며 밖으로 나갔지만, 호수에 떨어졌고(**물병**), 그래서 다시 그녀의 **벽돌**집으로 돌아갔어요. 그녀는 **열쇠**를 찾을 수 없어서 **나뭇가지**로 집어넣어 자물쇠를 땄어요. 그런 다음 **차 한 잔**을 만들어, **숟가락**으로 그것을 저은 다음, **사과**를 먹기 위해 앉아서, **책**을 읽었어요.

사라진 시각

이 트릭은 조금 달라요. 우리의 뇌가 우리를 속이는 트릭이거든요! 시력이 좋다고 해도,
시력에는 사실 사각지대(맹점)라고 불리는 지점이 있어요. 하지만 우리의 뇌는 우리에게 그것을 숨기죠!

트릭!

먼저 이 테스트를 해봐요. 십자가와 점이 있는 아래 그림을 똑바로 보아요. 둘 사이의 가운데 공간에 코를 향하고 말이죠. 왼쪽 눈을 감거나 가리고 오른쪽 눈으로 십자가에 집중해요. 십자가를 계속 보면서 머리를 앞뒤로 천천히 움직여요.

어느 지점에서, 점이 사라질 거예요. 만약 점을 똑바로 바라본다면 효과가 없어요.
십자가에 집중해요, 그래야 어느 순간 점이 시야에서 사라진 것을 알게 될 거예요.

어떻게 된 걸까요?

각각의 안구 뒤에는 빛을 감지하는 세포인 망막이 있어요. 각각의 망막에는 뇌로 통하는 신경 뭉치가 있는 구멍이 있어요. 하지만 우리의 뇌는 우리가 이 구멍을 볼 수 있도록 하지 않아요. 이런 테스트를 해야만 그것을 찾을 수 있어요. 점이 사라졌다고요? 그것은 아무것도 감지할 수 없는 안구에 있는 그 구멍이 일렬로 있기 때문이에요.

생각해봐요!

훨씬 더 희한한 거예요. 똑같은 방식으로 작동하는 이 테스트를 시도해보아요. 그 점이 사라질 때, 우리의 눈이 실제로 어떤 것도 감지하지 못한다 해도, 우리는 그 틈을 볼 수가 없어요. 그 대신 배경 무늬를 볼 수 있죠! 우리의 뇌는 사각지대 주변의 배경을 복사해서 그 틈을 메우는 데 사용했거든요.

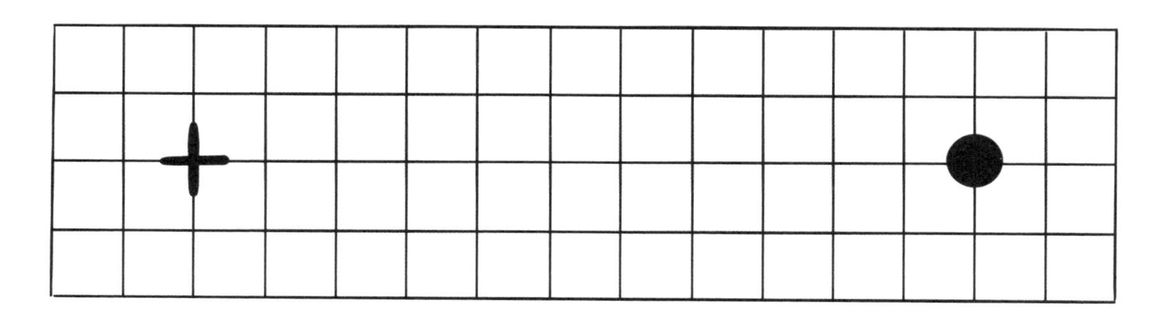

눈깜박반사

어떤 사람이 지금 우리에게 다가와 얼굴에 물을 끼얹었다고 상상해봐요.
"이봐!"라고 외치기 전에 가장 먼저 얼굴을 일그러뜨리면서 눈을 꼭 감을 거예요.
이것은 우리의 몸이 우리를 보호하기 위해서 하는 반사적인 또는 자동적인 동작이죠.

트릭!

투명한 플라스틱 시트가 필요해요. 아니면 유리창이 있는 문이 있다면 그것을 사용해도 돼요.
친구에게 얼굴 앞에 플라스틱을 받치고 서 있거나, 창문에 얼굴을 대고 서달라고 부탁해요.

이제 친구의 눈을 겨냥해서, 탈지면 공이나 작게 구긴 종이 공을 유리나 플라스틱에 던져요. 어떻게 되죠? 비록 그들은 공이 자신들의 눈을 칠 수 없다는 것을 알면서도, 아마 눈을 깜빡일 거예요. 사실, 그들에게 눈을 깜빡이지 않도록 해보라고 해도, 그런 경우 눈을 깜박이지 않기란 매우 어렵죠!

어떻게 된 걸까요?

우리에게는 생각하기 위해 멈추지 않고도 생존을 위해 빠르게 행동할 수 있도록 하는 반사신경이 있어요. 우리가 반사 반응을 보일 때, 감각에서 근육으로 전달되는 신호들은 뇌의 생각하는 부분을 단축해, 우리가 결정을 내릴 필요도 없이 행동을 일으켜요. 이것이 반응을 더 빠르게 만들어 우리를 안전하게 지켜주죠.
예를 들어, 눈 가까이로 무언가가 다가오자마자 눈을 깜빡이는 것은 시력을 보호할 수 있게 해요. 아주 뜨거운 것을 만지면 순식간에 손을 뗄 수 있어서 심하게 화상을 입지 않을 수 있지요.

바로 이거예요!

반사 반응을 멈추는 것은 가능하지만, 그 대신 우리는 고의적으로 근육을 통제하기 위해 매우 열심히 집중해야 해요. 혹시 눈깜박반사 테스트로 반사 반응 멈추기를 할 수 있을까요?

외계인 손

친구들에게 고무장갑이 자기들 손이라고 믿게 만들 거라고 말하면…
친구들은 우리를 미쳤다고 생각할 걸요!

트릭!

이 트릭이 제대로 작동하도록 주의 깊게 준비해봅시다. 우선 고무장갑이 필요해요. 고무장갑을 쌀이나 모래로 채워 좀 더 단단하게 만들고 고무줄로 묶어요. 2개의 붓과 천(행주가 가장 좋아요) 그리고 스크린 역할을 할 크고 좁은 상자가 필요해요.

우리의 친구는 장갑(예: 오른손) 옆에 손을 두고 테이블에 앉아 화면 뒤로 몸을 숨기고 있어야 해요.
고무장갑 손을 스크린 옆에, 그들이 볼 수 있는 앞에 놓아요. 그리고 가짜 손의 '손목'을 소매인 것처럼 천으로 덮어요.

이제 양손에 각각 붓을 들고 그의 진짜 손과 고무장갑 손을, 정확히 같은 곳을 동시에 문질러요. 두 개의 붓으로 두 손에 정확히 똑같은 일을 계속해요.

잠시 후, 친구는 고무 손에 닿는 붓을 마치 자신의 손인 것처럼 '느끼고', 고무 손이 정말로 자신들의 손이라고 믿기 시작해요!

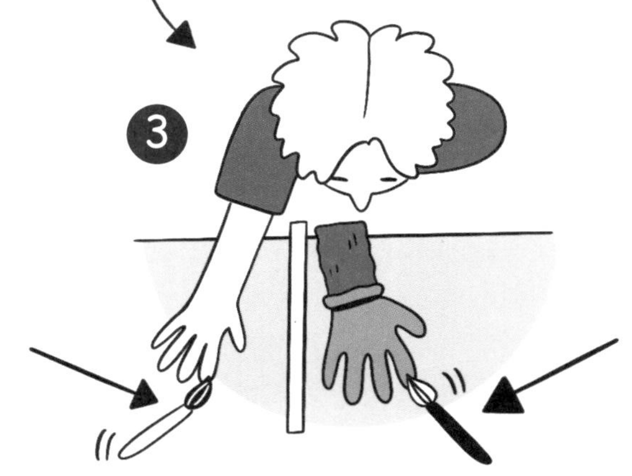

어떻게 된 걸까요?

이것은 우리가 일어나고 있는 일을 판단하기 위해 둘 이상의 감각을 사용한다는 사실을 보여주는 또 다른 속임수예요. 그리고 우리가 볼 수 있는 것은 우리가 느낄 수 있는 것에 커다란 영향을 주는 경우가 많아요. 만약 우리가 붓으로 손이 만져지는 감각을 느끼면서, 눈 앞의 어떤 손을 볼 수 있다면 그리고 같은 감각을 느낄 수 있다면, 우리 뇌는 그 손을 우리의 손이라고 가정할 거예요. 비록 그 손이 사실적으로 보이지 않더라도 말이죠! 이것은 '외계인 손 증후군'이라고 불려요.

코는 몇 개일까요?

우리 뇌는 아마도 우리의 코가 하나밖에 없다는 사실을 알고 있을 거예요.
그러나 어쩌면 코가 두 개라고 확신할 수도 있어요.

트릭!

아래의 그림과 같이, 집게손가락과 가운데 손가락을 가능한 한 서로 교차시켜 서로 틈이 생기도록 해요. 그런 다음, 한 손가락을 코끝의 양쪽에 대고 위아래로 부드럽게 문질러요. 말했잖아요. 코가 두 개 달린 것처럼 느껴진다니까요!

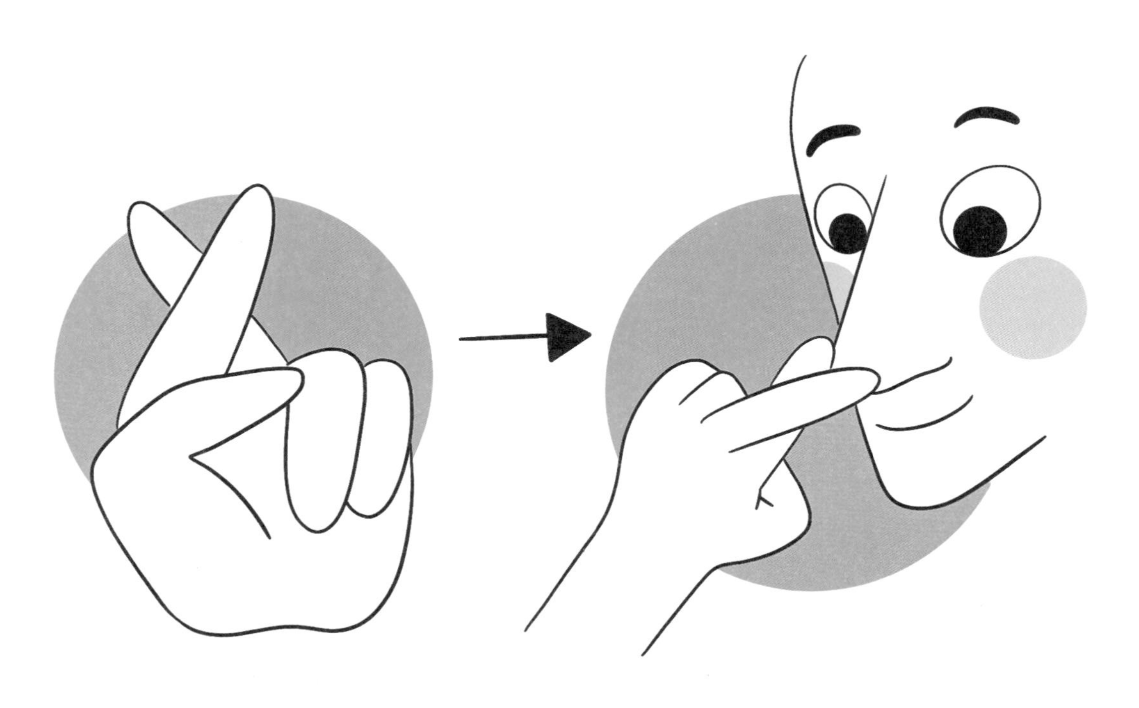

어떻게 된 걸까요?

뇌는 감각으로부터 신호를 받을 때, 정확히 무슨 일인지 판단하기 위해 이전의 경험들을 이용해요. 이 트릭에서, 두 손가락의 바깥 가장자리가 둘 다 코에 닿게 돼요. 일반적으로 두 손가락의 바깥쪽 가장자리가 동시에 어떤 것을 만진다면, 이것은 손가락이 두 개의 다른 표면을 만진다는 것을 의미하죠. 그래서 뇌는 우리의 코가 두 개라고 느끼도록 판단한 거죠.

당신의 코는 얼마나 길어요?

코에 대한 트릭이 부족한가요? 여기 또 있어요!
이번에는, 우리에게 두 개의 코가… 아니라 두 명의 사람이 필요해요!

트릭!

이것은 '피노키오 환각'이라고 불려요. 친구와 함께 두 개의 의자에 앉아봐요. 한 사람이 한 사람의 뒤에 앉는 거예요. 뒤에 있는 사람은 눈가리개를 하고 나서 자신의 코를 쓰다듬으면서 앞으로 손을 뻗어 다른 사람의 코를 정확히 같은 방식으로 쓰다듬거나 두드려야 해요. 잠시 후에 그들은 자신들의 코가 놀랍도록 길게 느껴지기 시작할 거예요!

어떻게 된 걸까요?

이 트릭에서는, 우리가 아무것도 볼 수 없는 동안, 촉각으로부터 온 메시지를 혼동하고 있는 거예요. 한 메시지는 자신의 코가 만져지고 있다는 것을 말해주죠. 다른 한 메시지는 자신의 얼굴에서 팔 길이만큼 떨어진 코끝을 만지고 있다는 것을 말해줘요. 우리 뇌는 혼란스러워지죠. 우리의 코가 정말로 길다고 생각해요!

새장 속의 새

'회전 그림판'이라고 불리는 이 간단한 장난감은
우리 뇌를 속여서 두 개의 그림을 하나로 결합시켜요.

트릭!

흰색 카드나 판지의 원을 가로 8센티미터 정도로 잘라내요. 한쪽에는 새를 그리고 반대쪽 면에는 새장을 그려요. 또는 물고기와 그릇, 말과 기수와 같이 결합하고 싶은 그림 두 개를 그리면 돼요.

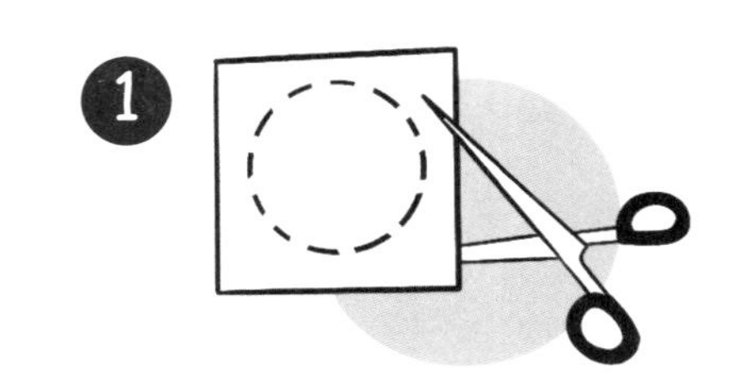

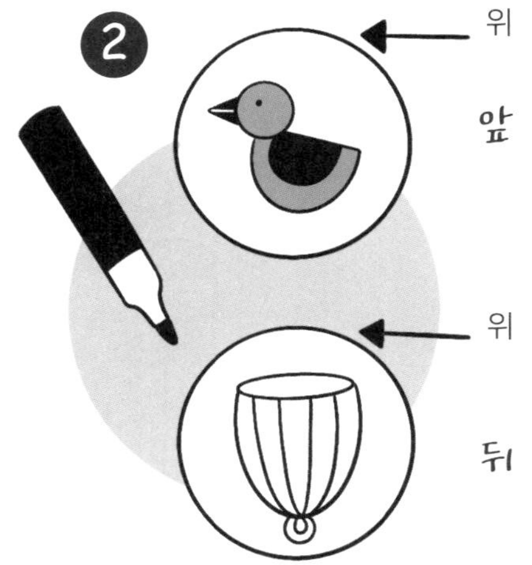

카드 옆면에 두 개의 구멍을 내고 각각의 구멍에 끈을 꿰어 묶어요. 양손에 고리를 잡고 끈이 꼬일 때까지 회전 그림판을 넘긴 다음, 줄을 똑바로 당겨 회전 그림판을 회전시켜요.

어떻게 된 걸까요?

우리 눈에서 보내는 시각적 신호들이 뇌로 보내질 때, 신호들은 잠시 그곳에 머물러요. 회전 그림판은 이보다 훨씬 더 빠른 속도로 이미지를 전환함으로써 우리 눈을 속이는 거예요. 이것은 우리가 두 개의 분리된 이미지가 하나로 합쳐지는 것을 보게 된다는 것을 의미해요.

영화 제작

미니 영화를 만들기 위해 비슷한 효과를 사용할 수 있어요!

트릭!

작고 두꺼운 메모장이나 스티커 메모지가 필요해요. 첫 페이지의 바깥쪽 가장자리나 모서리에 선으로 표현된 막대기 인간이나 식물처럼 간단한 그림을 그려요. 다음 페이지에는 자세를 약간 변경하여 같은 위치에 또 그려요. 각 페이지의 그림을 이런 식으로 조금씩 바꿔 이리저리 움직이는 사람, 점점 자라나는 꽃 또는 우리가 좋아하는 어떤 것을 보여주도록 그려요. 전체 메모장을 휘리릭 넘기면, 움직이는 이미지가 보일 거예요!

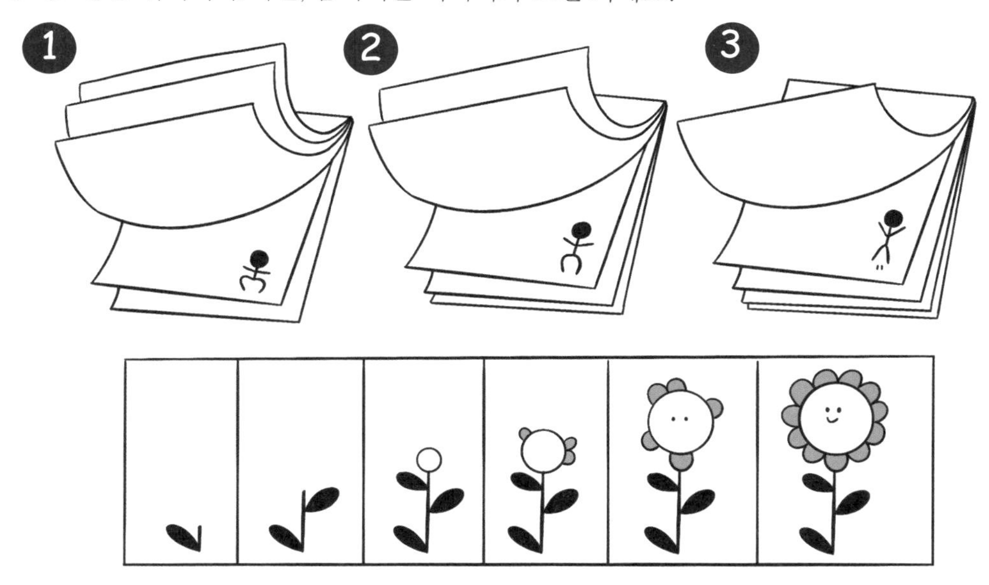

어떻게 된 걸까요?

우리 뇌는 일상생활에서 사물이 움직이는 것을 보는 데 익숙해요. 무엇인가가 움직이고 변하는 단계를 나타내는 빠른 연속 그림들을 보면, 뇌는 조각난 것들을 한데 모아 움직이는 물체처럼 보기 위해 그 틈새들을 '채워요'. 실제 영화도 같은 방식으로 작동해요!

손에 구멍이 났어요

판지 심지만 있으면 손에 바로 구멍을 뚫어줄 수 있어요.
절대 고통스럽지 않을 거예요. 장담해요!

트릭!

약 30센티미터 길이의 판지 심지가 필요해요. 한 손으로 심지를 한쪽 눈높이까지 올린 다음, 양쪽 눈을 뜬 채 한 눈으로 들여다보아요. 다른 손을 심지의 반 정도 길이가 되는 옆에 놓은 다음 다른 눈으로 손을 보아요. 있네요. 손에 구멍이 났어요!

어떻게 된 걸까요?

우리의 두 눈은 두뇌에 약간 다른 두 개의 세계관을 보내요. 우리가 그것을 하나의 이미지로 볼 수 있도록 뇌는 그것들을 결합해요. 한쪽 눈이 튜브를 들여다보고 있고 한쪽 눈이 손을 보고 있을 때, 우리 눈은 뇌에 두 개의 완전히 다른 이미지를 보내고 있는 셈이죠. 그렇다고 해도 뇌는 여전히 그들을 결합시켜버리고 말이에요!

날고 있는 소시지

날고 있는 마법 소시지를 만들기 위해서라면, 두 눈과 두 개의 집게손가락만 있으면 돼요.

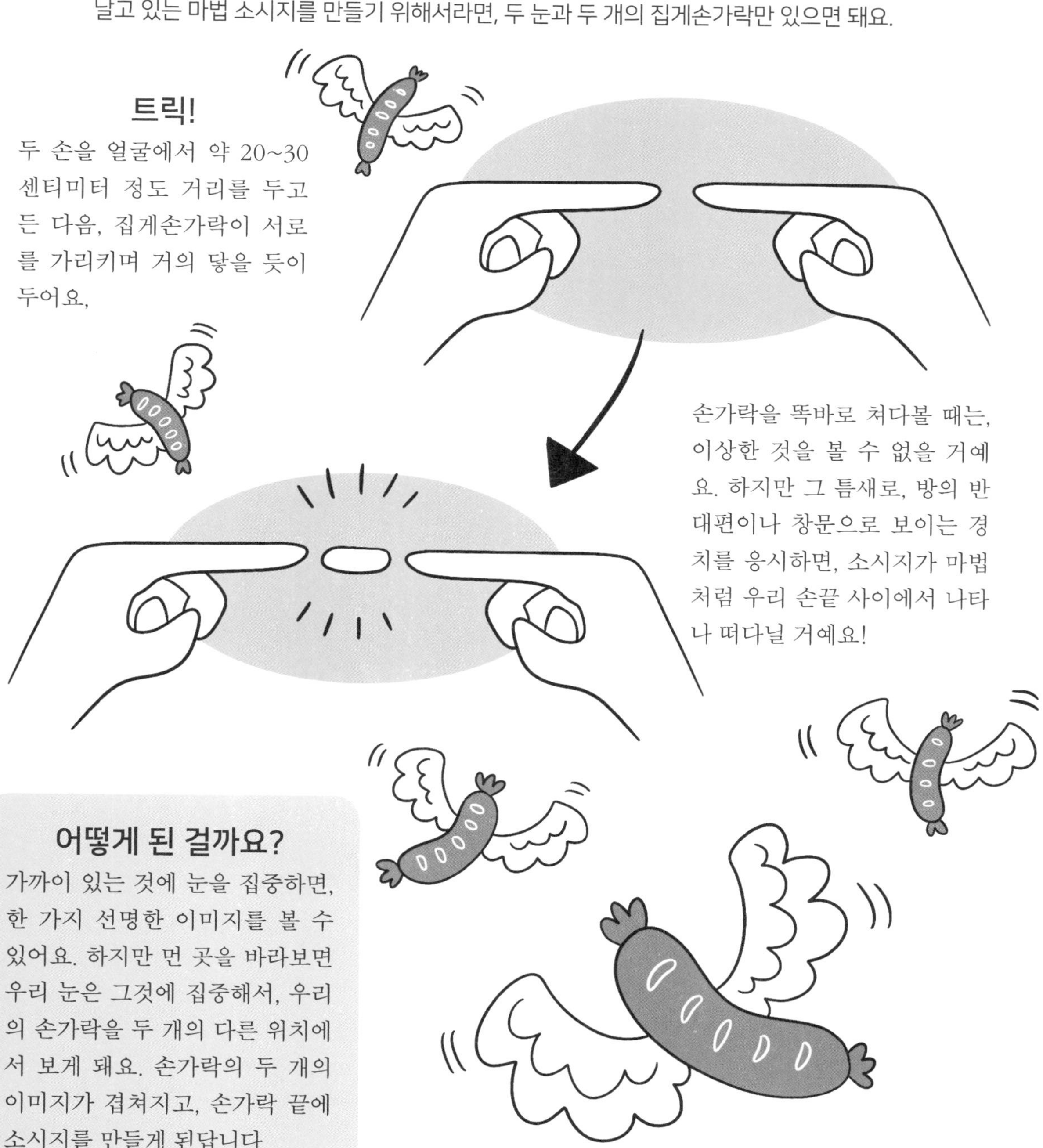

트릭!

두 손을 얼굴에서 약 20~30 센티미터 정도 거리를 두고 든 다음, 집게손가락이 서로를 가리키며 거의 닿을 듯이 두어요.

손가락을 똑바로 쳐다볼 때는, 이상한 것을 볼 수 없을 거예요. 하지만 그 틈새로, 방의 반대편이나 창문으로 보이는 경치를 응시하면, 소시지가 마법처럼 우리 손끝 사이에서 나타나 떠다닐 거예요!

어떻게 된 걸까요?

가까이 있는 것에 눈을 집중하면, 한 가지 선명한 이미지를 볼 수 있어요. 하지만 먼 곳을 바라보면 우리 눈은 그것에 집중해서, 우리의 손가락을 두 개의 다른 위치에서 보게 돼요. 손가락의 두 개의 이미지가 겹쳐지고, 손가락 끝에 소시지를 만들게 된답니다.

떠오르는 팔

이런 간단한 트릭 정도는 문간에 서서 할 수 있어요. 아마 자신의 팔을 믿을 수 없게 되겠지만요!

트릭!

실내에 있는 작은 출입구에 서요. 팔을 곧게 펴고 손등을 문틀의 양쪽에 대고 눌러요. 힘껏 누르면서 1분 동안 그 자세로 있어요. 시간이 다 되면, 문 밖으로 나와 팔에 힘을 빼요. 양팔이 갑자기 헬륨 풍선에 붙어 있는 것처럼 위로 떠오를 거예요!

어떻게 된 걸까요?

뇌는 바깥쪽으로 밀어내기 위해 계속해서 같은 신호를 팔에 보내지만, 그것들은 여전히 같은 위치에 있죠. 잠시 후, 뇌는 이것을 하는 데 너무 익숙해져서 무엇을 하는 중이었는지 알아차리기를 멈추고 말아요. 우리가 긴장을 풀면 한동안 여전히 신호는 오지만, 우리는 그것이 우리에게서 오는 신호처럼 느껴지지 않아요. 그래서 양팔이 저절로 뜨는 것처럼 보이는 거랍니다!

용어 해설

감전 몸에 전기가 흐르는 것으로, 해로울 수 있음.

결정 원자, 이온, 분자 따위가 규칙적으로 일정한 법칙에 따라 배열되고, 외형도 대칭 관계에 있는 몇 개의 평면으로 둘러싸여 규칙 바르고 기하학적 형체를 이루는 물질.

결정체 자연적으로 규칙적인 기하학적 모양으로 형성되는 물질. 결정이 성장하여 일정한 형상을 이룬 물체.

관성 물체에 어떤 힘이 가해져 변화시키기 전까지는, 물체가 원래대로 가만히 있거나 움직이는 등 이전의 상태를 지속하려고 하는 방식.

광섬유 케이블 빛의 패턴 형식으로 정보를 전달하는 케이블.

광원 촛불, 전구, 태양과 같이 빛을 발하는 것.

구심력 물체를 원의 중앙으로 끌어당겨 원형으로 움직이게 하는 힘.

굴절 빛이 물과 같이 투명한 물질에서 공기와 같은 다른 물질로 통과할 때 빛이 휘어지는 방식.

기압 우리 주변의 대기에 있는 공기의 밀어내는 힘.

나침반 북쪽 또는 다른 방향을 찾는 데 사용되는 자석 장치.

대기 지구 주위의 공기층.

라바 램프 유색 액체가 들어 있는 장식용 전기 램프.

리드(Reed, 진동판) 관악기의 발음원이 되는 얇은 진동판. 갈대·쇠·나무 따위로 만들고 공기 흐름으로 진동하여 소리를 냄.

마그레브(자기부상 열차) 바퀴로 구르는 것이 아닌, 자기반발력을 이용해 선로 위를 떠서 다니는 열차의 일종.

마찰 발광 일부 물질이 찌그러지거나 펼쳐지면서 빛을 내는 유형의 빛.

마카크(Macaque) 아프리카 및 아시아에 분포하는 영장류.

무게중심 개체의 무게가 균등하게 균형을 이루는 부분.

물질 어떤 것을 만드는 모든 종류의 재료.

물질의 상태 고체, 액체, 기체와 같이 물질이 존재할 수 있는 상태를 말함.

믹싱 볼 음식 재료를 섞을 때 쓰는, 크고 속이 깊은 그릇.

밀도 물체가 그 크기에 비해 얼마나 무거운가를 나타냄.

반사 생각 없이 일어나는 자동적인 신체 반응.

밸러스트 탱크(Ballast tank) 바닥짐용 물을 저장하는 탱크.

분자 원자들로 구성된 작은 단위로, 서로 다른 물질을 만들어냄.

비뉴턴 유체 상황에 따라 더 두꺼워지거나 더 묽어지는 액체 같은 물질. 층밀리기 변형력과 층밀리기 변형률 사이의 관계가 비선형적인 유체.

비등점 물질이 끓거나 액체에서 기체로 변화하는 온도.

빙점 액체가 얼거나 고체로 변하는 온도.

사각지대(맹점) 빛을 감지하지 못하는 망막의 일부로 안구 뒤쪽에 위치함.

사리염 식탁용 소금과 비슷하지만 다른 성분의 조합으로 만들어진 소금.

산소 공기의 일부를 구성하는 흔한 기체로, 인간이 숨을 쉬는 데 필수적임.

상태 변화 고체와 액체 또는 액체와 기체 사이의 물질 변화.

섭씨(℃) 온도 단위의 하나. 얼음의 녹는점을 0℃, 물의 끓는점을 100℃로 하여 그 사이를 100등분 한 단위.

성분 한 종류의 원자로만 만들어진 기본적이고 순수한 물질. 산소, 탄소, 금, 철 등이 성분의 예임.

에너지 어떤 것을 발생시키거나 움직이거나 작동하도록 만드는 힘.

용어 해설

우블렉(Oobleck) 옥수수 녹말과 물과 컬러링을 섞어 만들어지는 비뉴턴 유체로, 주로 충격완화용으로 사용됨.

원근법 특정한 각도에서 사물을 바라보는 방식으로, 더 멀리 있는 물체는 더 작게 보임.

유사(流沙) 바람이나 물에 의해 아래로 흘러내리는 모래. 사람이 들어가면 늪에 빠진 것처럼 헤어 나오지 못함

전하 물체가 띠고 있는 정전기의 양으로, 음이나 양의 성질을 띌 수 있음.

전자 대체로 원자의 일부인 작은 입자이지만, 전기가 흐를 때 움직일 수도 있음.

자기수용 신체의 위치와 움직임을 감지하는 뇌의 감각.

자철석 암석의 일종으로 천연 자석이기도 함.

잔상 무언가 바라보던 행위를 멈춘 후에 우리의 눈에 남겨지는 거꾸로 된 이미지.

점도 액체가 얼마나 빨리 또는 천천히 흐르는지를 나타내는 성질. 더 걸쭉한 액체일수록 더 높은 점도를 가지며 더 느리게 흐름.

정전기 흐르지 않고 물체에 축적되어 있는 유형의 전기.

진동 앞뒤로 빠르게 흔드는 것.

축음기 음악을 재생하기 위한 구식 기계.

카메라오브스쿠라(Camera obscura, 암상자) 빛이 들어올 수 있는 작은 구멍이 있는 어두운 방이나 상자로, 구멍 맞은편에 거꾸로 뒤집힌 이미지를 만듦.

크로마토그래피(Chromatography) 하나의 물질을 이루는 여러 성분(혼합체)을 종이와 같은 다른 물질을 통해 퍼지게 함으로써 분리해내는 분석법.

코안다 효과(Coanda effect) 전기적 점성에 의해 빠르게 지나가는 물체의 표면에 액체나 기체가 달라붙는 것처럼 보이는 것.

폴리머(Polymer) 사슬 모양이나 더 작은 분자의 배열로 이루어진 분자로 된 물질.

폼폼(Pom-pom) 특히 미국에서 치어리더들이 손에 들고 흔드는, 플라스틱 가닥들을 묶은 뭉치.

표면장력 물의 표면에 있는 분자들이 서로 끌어당겨 수축하여 가능한 한 작은 면적을 취하려는 힘.

플립(Flip) 한 장면이 좌우 또는 상하로 회전하면서 새로운 장면이 등장하는 장면 전환 기법.

호박 화석화된 송진으로 만들어진 단단한 물질로, 일부 종류의 나무에서 방출되는 두터운 물질.

화씨(°F) 온도를 측정하는 데 사용되는 척도. 얼음의 녹는점을 32°F, 물의 끓는점을 212°F로 하여 그 사이를 등분한 온도 단위.

화학 반응 둘 이상의 물질이 결합되어 다른 새로운 물질이 형성될 때 일어나는 변화.

황산지 진한 황산으로 처리하여 양피지처럼 만든 종이. 종이 질이 균일하고 물과 기름에 잘 젖지 않아 식품이나 약품 포장에 쓰임.